钻地越狱记

[韩]瑞云/编　[韩]朴秀芝/绘　杨晓肖/译

江西教育出版社
JIANGXI EDUCATION PUBLISHING HOUSE
·南昌·

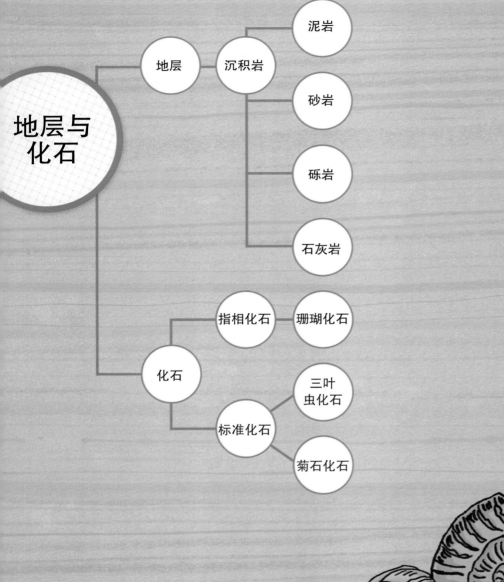

地层与化石

地层 —— 沉积岩 —— 泥岩

砂岩

砾岩

石灰岩

化石 —— 指相化石 —— 珊瑚化石

标准化石 —— 三叶虫化石

菊石化石

古生物学家金石曼博士被关进了地下监狱里。

他为寻找恐龙化石，到处挖洞，结果一不小心挖进了别人家的庭院，被当作小偷抓了起来。

在地下监狱里，金石曼博士和小腕龙住在同一个房间。

金石曼博士喜欢用恐龙的名字给别人起绰号。虽然小腕龙有自己的名字，但因为他脖子比较长，很像腕龙，所以就有了这个绰号。

今天一整天金石曼博士都沉迷于恐龙书籍当中。

小腕龙对金石曼博士很不满，嘟嘟囔囔地说："你因为找恐龙化石才被关进监狱，现在还看恐龙书？"

"我一定要找到恐龙化石。"

"那也得出去了才有可能啊。我虽然不知道恐龙化石埋在哪，但我知道黄金埋在哪里，只要能从这里出去，我就能发财啦。"说完，金石曼博士和小腕龙对视一眼，心领神会。

"小腕龙,从这里挖下去,就会出现石灰岩溶洞。听说那个溶洞连着通往外面的路。"

"我是个矿工,对于挖地,我有信心!"

几天来,两人靠在一起制定了越狱计划。

这天，负责分发食物的金石曼博士偷偷藏了面包和果酱。

负责洗衣服的小腕龙假装收衣服，在工具箱里偷偷藏了铁镐头。

8

晚上，趁着狱警睡着，小腕龙便开始挖地了。
最上面松软的泥土很容易就挖开了。

再下面是沙子和碎石。

再往下就是坚硬的岩石。

小腕龙挖了好一阵子，岩石的断面露出来了。

"这是长久以来由泥土、沙子、碎石等沉积而成的沉积岩。了不起，真了不起啊！"就在金石曼博士感叹的时候，小腕龙还是不停地用镐头挖啊，挖啊。

"小腕龙你看看这里，粗糙的砂岩、光滑的泥岩、凹凸不平的砾岩，应有尽有。神不神奇？"

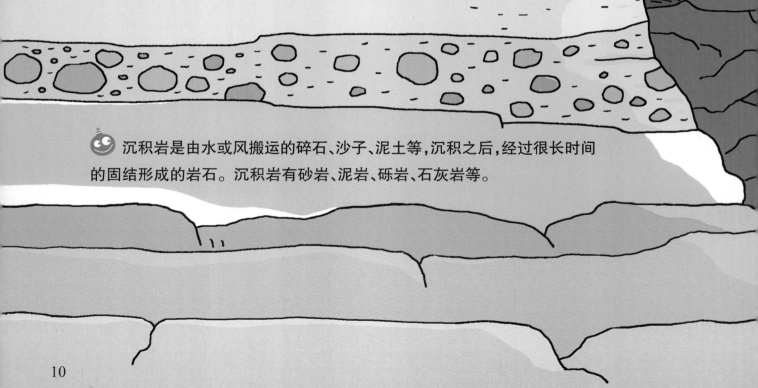

沉积岩是由水或风搬运的碎石、沙子、泥土等，沉积之后，经过很长时间的固结形成的岩石。沉积岩有砂岩、泥岩、砾岩、石灰岩等。

砂岩是由颗粒直径在 0.05 ~ 2mm 的砂粒胶结而成的岩石。

泥岩是由颗粒很小的黏土固结而成的岩石。

砾岩是由砾石、沙子、泥土等胶结而成的岩石。

小腕龙对金石曼博士的话充耳不闻，仍旧不停地挖地。

但是兴奋的金石曼博士并没有停止讲话："小腕龙！看这壮观的地层，是经过很长时间才形成的。你看这一层一层的，像不像一张张叠起来的地球日记？"

地层是由碎石、沙子、泥土等经过长时间沉积和固结形成的多层岩层。地层之间的条纹叫作层理。

小腕龙停下手中的活,说:"日记?我觉得像个三明治。博士,我肚子饿了!"

肚子饿了!

13

金石曼博士在面包上抹了果酱做成三明治，递给小腕龙，说："岩石中我最喜欢沉积岩。"

　　"为什么？"小腕龙津津有味地吃着三明治问。

　　"一般来说，只有在沉积岩中才会有化石，**所以恐龙化石多半也在沉积岩中。**"

化石主要分布在沉积岩中,是古时候动植物的遗体、遗物、遗迹等留在岩石中形成的。

金石曼博士问小腕龙:"你因为什么进的监狱呢?"

"我在挖金子的时候把别人家的地下室给挖坏了。要是再多挖一点,肯定会有黄金的……我要快点出去,再去找黄金!"小腕龙又接着挖起地来。

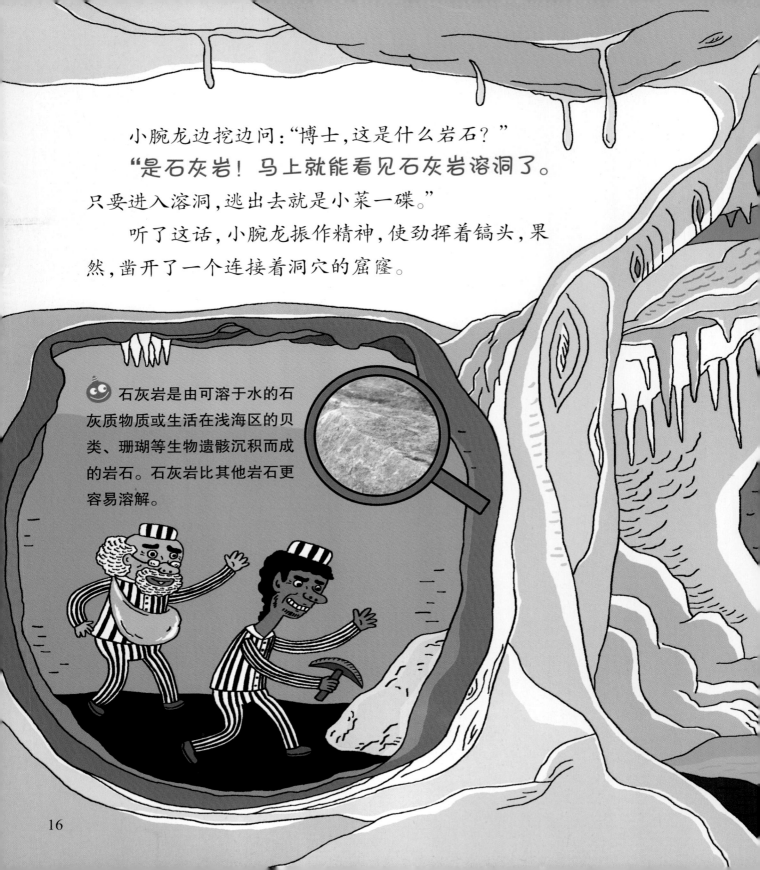

小腕龙边挖边问："博士，这是什么岩石？"

"是石灰岩！马上就能看见石灰岩溶洞了。只要进入溶洞，逃出去就是小菜一碟。"

听了这话，小腕龙振作精神，使劲挥着镐头，果然，凿开了一个连接着洞穴的窟窿。

石灰岩是由可溶于水的石灰质物质或生活在浅海区的贝类、珊瑚等生物遗骸沉积而成的岩石。石灰岩比其他岩石更容易溶解。

两人钻进溶洞，发现溶洞顶上挂着像冰柱一样的钟乳石，地面上到处都是蹿上来的石笋，还可以看到钟乳石和石笋连接而成的石柱。

"哇，好棒啊！"这次小腕龙也感叹不已。

钟乳石

石柱

石灰岩溶洞是地下的石灰岩层被地下水长期溶蚀形成的。

17

金石曼博士和小腕龙经过溶洞时，看到洞顶有一个窟窿，从窟窿里垂下来一副绳梯。

"这里怎么会有绳梯呢？真是太奇怪了。"金石曼博士用疑惑的眼神看着绳梯。

但小腕龙却高兴地说："我们肯定能从那个窟窿出去！还是赶紧爬上绳梯，到溶洞外面去吧。"

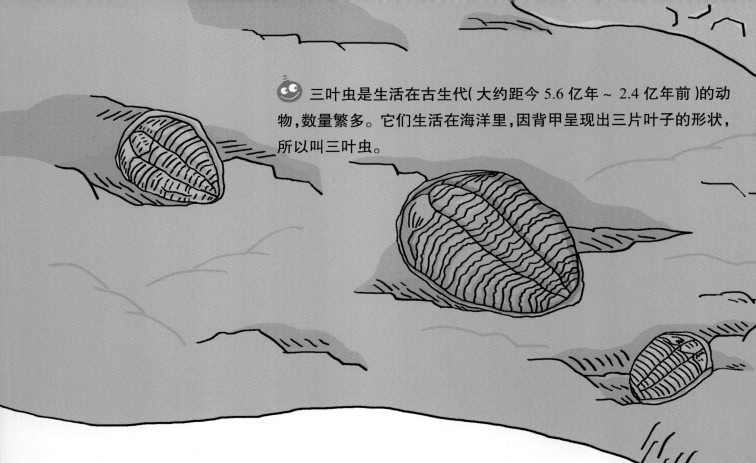

三叶虫是生活在古生代(大约距今 5.6 亿年~ 2.4 亿年前)的动物,数量繁多。它们生活在海洋里,因背甲呈现出三片叶子的形状,所以叫三叶虫。

小腕龙不管三七二十一爬上了绳梯。

金石曼博士也不得不跟上小腕龙。

"哇,好多三叶虫化石啊!"沿着绳梯爬上去的金石曼博士大声喊道。

"又不是黄金,有什么可高兴的?"

"小腕龙,这可比黄金还要珍贵。这里有生活在古生代大海里的三叶虫,所以这个地层是在古生代形成的,而且这里曾经是大海。化石是一种珍贵的资料,能生动地告诉我们什么生物,在什么时间,是如何生活的。"金石曼博士耐心地解释道。

不知不觉间小腕龙爬得更高了。

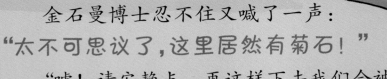

金石曼博士忍不住又喊了一声：
"太不可思议了，这里居然有菊石！"

"嘘！请安静点。再这样下去我们会被人发现的。"

"小腕龙，我们终于找到恐龙化石了！"金石曼博士就像没听见小腕龙的话一样，又激动地叫起来。

"你说那个像大型蜗牛的东西是恐龙化石？"小腕龙一脸茫然地问道。

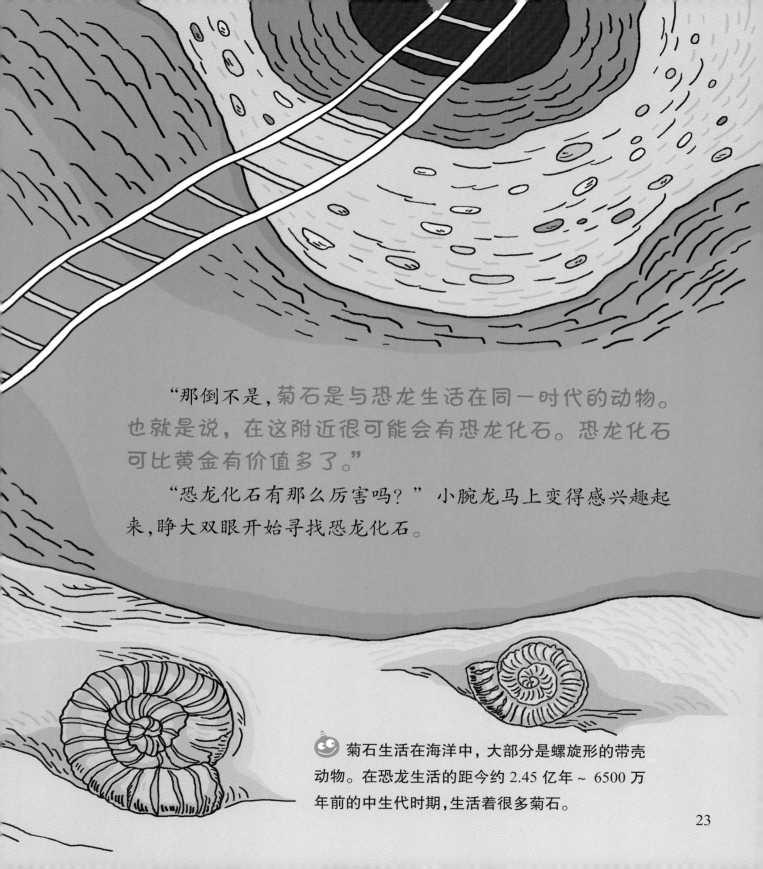

　　"那倒不是，菊石是与恐龙生活在同一时代的动物。也就是说，在这附近很可能会有恐龙化石。恐龙化石可比黄金有价值多了。"

　　"恐龙化石有那么厉害吗？"小腕龙马上变得感兴趣起来，睁大双眼开始寻找恐龙化石。

菊石生活在海洋中，大部分是螺旋形的带壳动物。在恐龙生活的距今约 2.45 亿年 ~ 6500 万年前的中生代时期，生活着很多菊石。

金石曼博士和小腕龙边爬边仔细观察着大岩石墙的各个角落。

"我一定会找到恐龙化石，并用我的名字给它命名，就叫它'石曼龙'。怎么样，这个名字是不是很棒？哈哈！"

这时，小腕龙冲博士喊道："博士，这边好像有什么东西。快来看看！"

金石曼博士朝着小腕龙所在的地方爬了上去。

石曼龙

他发现那里居然真的有恐龙化石!
"哇,终于找到恐龙化石啦!"
化石看起来有点像最小的恐龙——美颌龙,
但骨骼的形状似乎与美颌龙不同。
难道这是至今都未被发现的恐龙?

"我们得快点出去，挖掘恐龙化石需要专门的工具。小腕龙，以后你和我一起工作吧。你挖地的技术最适合发掘化石了。"

"哇，真的吗？谢谢！谢谢！"小腕龙听完金石曼博士的话连连点头道谢。

金石曼博士和小腕龙越聊越兴奋，然后他们就拼命地往上爬。

金石曼博士和小腕龙越狱失败了。

在洞外，狱警正等着呢。

当然，刚发现的恐龙化石也没办法挖出来了。

金石曼博士和小腕龙再次回到了监狱。

可是金石曼博士却开心得合不拢嘴。

"有没有比'石曼龙'更好的名字呢？既然它又小又可爱，叫它'咕咕龙'怎么样？还是叫它'小可爱龙'？"

金石曼博士每天一睁开眼睛，就为给恐龙化石起名字而兴奋不已。

现在他每天都盼着出狱。到那时，他就可以和小腕龙一起去挖恐龙化石了。

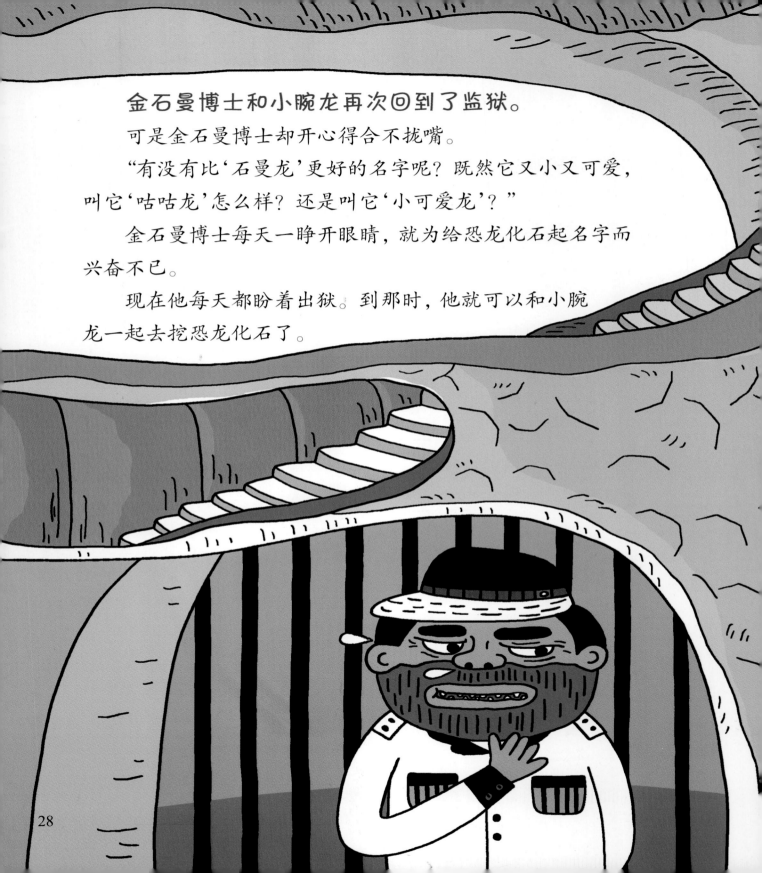

跟我们一起来了解一下地层与化石吧!

地层和化石是经过很长时间才形成的。让我们深入了解一下吧。

地层

沙子、碎石、泥土等被风和水搬运,经过长时间积累,变得非常坚硬,并形成了许多层次,这就是地层。

各种岩层

岩层通常与地表水平沉积而成,最下面的一层年代最久远。岩层受地壳活动的影响,有时会弯曲或折断,所以我们才可以看到形态各异的岩层。

水平岩层

水平岩层是地表水平沉积而成的岩层。

褶曲

褶曲是指弯曲成波浪模样的岩层。

断层

断层是指断裂的岩层。

 化石

化石是指留存在岩石或地层中的古生物遗体或遗迹。

海洋或陆地生物的遗体或脚印被泥土等沉积物埋藏起来，经过很长时间后便形成了化石。

标准化石

标准化石指的是在特定时期生活过的生物的化石。虽然他们生活的时间很短，但有独有的特征，而且分布广泛，所以通过化石可以判断出地层形成的时代。

因为菊石生活在恐龙生活的时期，所以如果发现菊石化石，那么在这一地层内发现恐龙化石的可能性就会很高。

指相化石

指相化石指能够明确指示生物生存环境的化石。如果发现只在特定环境中生活的生物化石，就能知道当时的环境状况。珊瑚生活在温暖的浅海中，所以如果发现某个地层有珊瑚化石，就可以推断出那里以前是温暖的浅海。

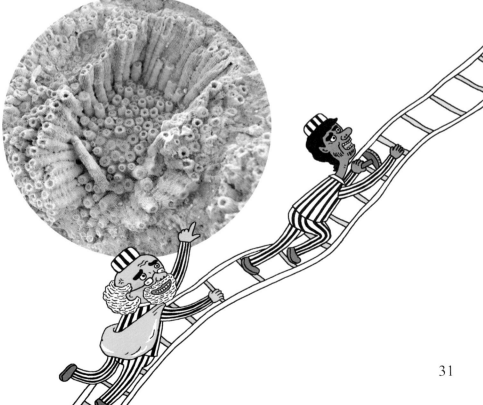

31

发现恐龙化石的曼特尔

恐龙很久以前就灭绝了,那人们是怎么知道地球上有恐龙存在的呢? 让我们一起来读一读有关曼特尔发现、研究恐龙化石,并且证明恐龙存在的故事吧。

1822 年春天,英国的医生吉迪恩·曼特尔和夫人玛丽·曼特尔一起去诊治病人。

曼特尔给病人看病时,玛丽·曼特尔在附近散步。

嗯,这是什么?像动物牙齿。

玛丽·曼特尔把捡到的东西给曼特尔看。

老公,这是什么呀?

嗯……这到底是什么呢?

曼特尔把它拿给大家看。

像犀牛的犄角。

像大鱼的骨头。

这不是犀牛的角，也不是鱼的骨头。这分明是食草动物的牙齿，但应该是我们不知道的某种动物的牙齿。

有一天，曼特尔看到了鬣蜥的牙齿。

这应该是一颗巨大的爬行动物的牙齿。它看上去和鬣蜥的牙齿形状非常相似，那就把它的主人命名为"Iguanodon"（鬣蜥的牙齿）吧，也就是我们中文说的"禽龙"。

1825 年，曼特尔发表了关于牙齿化石的论文，告诉人们大型爬行动物的存在。多亏了曼特尔，人们才知道很久以前就有恐龙了。

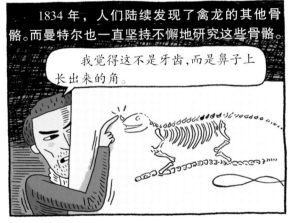

1834 年，人们陆续发现了禽龙的其他骨骼。而曼特尔也一直坚持不懈地研究这些骨骼。

我觉得这不是牙齿，而是鼻子上长出来的角。

1878 年，人们在比利时又发现了一堆禽龙的骨骼。曼特尔研究发现：之前，他妻子捡到的并不是牙齿，也不是角，而是恐龙前爪的脚趾。曼特尔的研究和发现对恐龙研究的发展产生了巨大的影响。

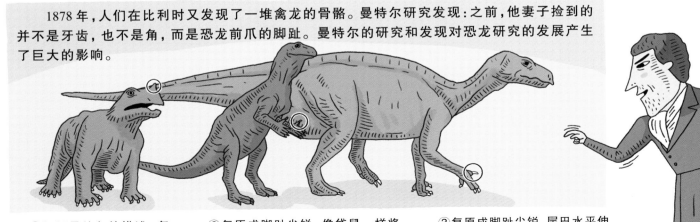

①根据曼特尔的描述，复原成鼻子上长角的巨大蜥蜴。

②复原成脚趾尖锐，像袋鼠一样将尾巴拖在地上，用后肢站立的动物。

③复原成脚趾尖锐，尾巴水平伸展保持平衡，用后肢行走的动物。

值得感谢的能源——化石燃料

化石燃料是由埋在地下的生物遗骸，在长期高温、高压的环境下变质而形成的。我们使用的石油、煤、天然气等都是化石燃料。

化石燃料是生活在数亿年前的动植物留给我们的礼物。但是化石燃料的形成需要很长时间，而且无法重复利用。它们数量有限，可能不久就会消失，所以我们要节约使用，并积极研发新能源。

研究化石的职业

古生物学家指的是通过化石来研究生活在地质时期的古生物的科学家。地质时期是指地球形成后，到人类能用文字记录历史以前的时期。通过研究化石可以知道已经灭绝的恐龙是什么样子，它们生活在哪里，又是如何生活的。古生物学家必须具有强烈的好奇心和探索欲。为了做好挖掘工作，他们还需要具有坚韧和细心的品质。他们向人们展示着很久很久以前生物生活的状态，所以他们非常伟大。如果你有一颗爱探险的心，可以尝试着成为一名古生物学家哟。

根据化石想象一下

请你观察暴龙化石，想象一下暴龙活着的时候是什么样子并画出来，还可以把周围的景色也一起画出来哟。

水滴三兄弟 的 冒险

[韩]柳佳恩/编　[韩]文具贤/绘　朴晋成/译

江西教育出版社
JIANGXI EDUCATION PUBLISHING HOUSE
·南昌·

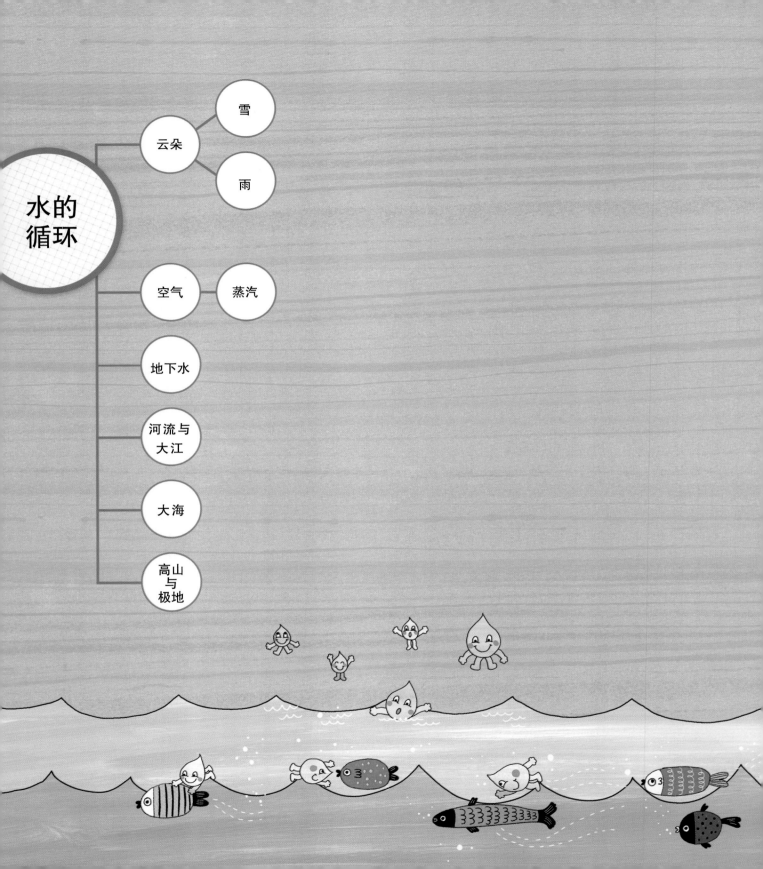

水的循环

云朵
- 雪
- 雨

空气 — 蒸汽

地下水

河流与大江

大海

高山与极地

嘟嘟嘟！

在空中城堡里生活的小水滴们很喜欢冒险。其中小壮队长、小圆队长、小瘦队长是三兄弟，他们尤其喜欢冒险。

"嘟嘟嘟！"城堡里的号声响起。

"想去冒险的小水滴们，赶快集合啦！"

想要冒险的小水滴们在城堡里排起了长队。

此时，小壮队长站出来，朝自己的队伍喊道：
"兄弟们，跟我来！"

于是，小壮的队伍冲在最前面喊道："出发！"

然后，它们雄赳赳地出发了。

小水滴们聚在一起变成了云朵，大片云朵形成厚厚的云层。水滴们实在是太重了，无法在空中飘荡，于是它们变成雨滴纷纷落向大地。

但小壮队长却想去大海看看。

云是由大气中的水蒸气遇冷液化成的小水珠或凝华成的小冰晶聚合在一起形成的，飘浮在空中，人们可以看到。当云中的小水珠重量变大时，它们会变成雨或雪落到地面。

小壮队长带领它的队员们降落在大海里。

它们落入大海后,体积比之前更大了。

开心的小壮与队员们大声呼喊:"哇!这么刺激的冒险可是第一次啊!我们居然变成了海水在大海里遨游呢。"

水占地球表面的四分之三左右。除江、河、湖、海、地下水之外,动植物体内也有水分,但绝大多数的水还是在大海里。

小壮和队员们在大海里到处巡游探险，认识了许多海洋生物。

嘟嘟嘟！从城堡发来消息了："小壮队现在立刻返回城堡。"

小壮队只好遗憾地乘坐早已被太阳晒热的空气返回城堡。

在大地或大海里的水，充分吸收了太阳的热量之后，变成水蒸气升上天空，这种现象叫作蒸发。

13

接下来是小圆队长的队伍要去冒险了。

"小圆队，出发！"

变成云朵在空中飘来飘去的小圆队，遇到冷空气后凝结成冰。

之后又变成雪花飘落大地，在寒冷的地方降落，雪花不断堆积，被冻得结结实实。

过了很长时间，被冻得硬邦邦的小圆队伍还没融化。

"队长，我们这是变成什么了？"其中一个队员向小圆队长发问。

"不用担心，我们一定会回城堡的。只有勇于冒险的小伙伴，才能成为合格的队员。"

说完，小圆队长联系了城堡："我们己成为冰川，需要花很长时间才能返回城堡，以后再见吧。"

冰川是指大量冰块堆积形成如同河川般的地理景观。在终年冰封的高山或两极地区，多年的积雪由于自身的压力变成大冰块，又因重力作用沿斜坡下滑形成冰川。

冰川消融流入大海后又重新蒸发。

17

又过了很长时间。

随着气温升高，冰川开始融化，流入大海。

"哇！队长，我们终于要跟大海见面了吗？"

"是啊，看来我们的冒险终于要结束啦，队员们，辛苦了。"

于是，小圆队伍也乘坐海面上温暖的空气，返回空中城堡了。

雨和雪渗入大地后会成为地下水。地下水
会沿着河流、大江流入大海后蒸发。

最后一个出发的是小瘦带领的队伍。

"终于轮到我们了！都准备好了吧，出发！"

小瘦队变成雨，降落在广阔的原野上。

有的雨滴渗入地下，沿着小溪或江河流淌着探险，抵达大海后又返回天空城堡。

21

哗啦 哗啦！

　　它们当中有的队员会被植物吸收,植物的根会汲取这些水分。

　　不久,在阳光的照射下,小水滴从植物的叶子蒸腾出来,顺着温暖的空气回到空中城堡。

　　植物会通过光合作用,把二氧化碳和水转化为养分。
　　剩下的水会变成水蒸气散发出去,这种现象叫作蒸腾。

有一天，队员们发现小瘦队长不见了。

担心小瘦队长的队员们尝试与队长联系："队长，你现在在在哪里？"

经过几次努力后，它们终于收到了回复："我在人类的体内！"

"人体内？"队员们听得一头雾水。

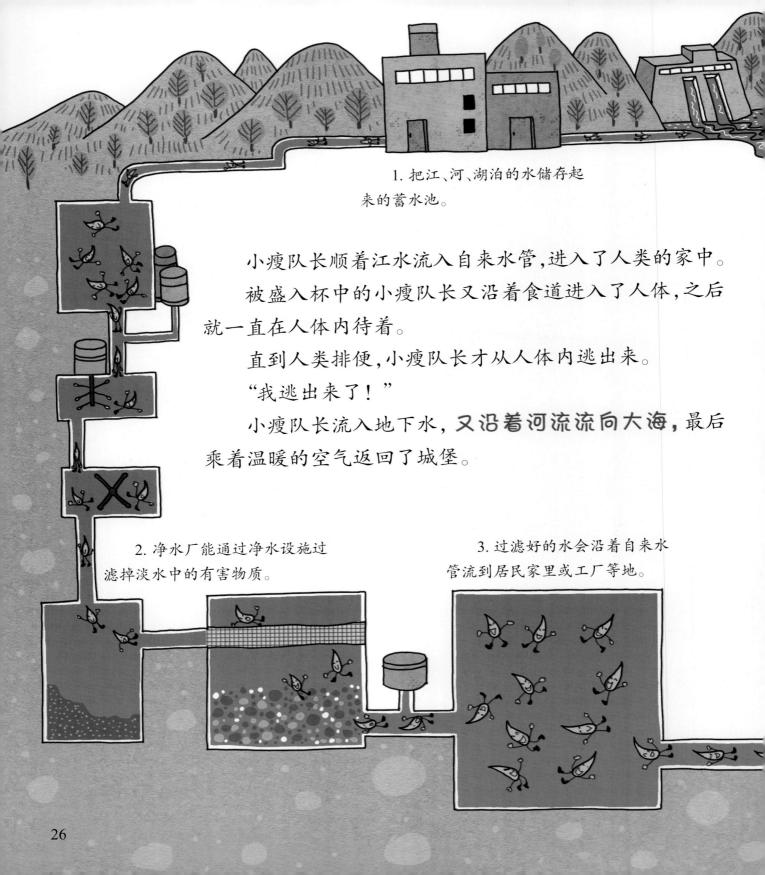

1. 把江、河、湖泊的水储存起来的蓄水池。

小瘦队长顺着江水流入自来水管，进入了人类的家中。

被盛入杯中的小瘦队长又沿着食道进入了人体，之后就一直在人体内待着。

直到人类排便，小瘦队长才从人体内逃出来。

"我逃出来了！"

小瘦队长流入地下水，**又沿着河流流向大海**，最后乘着温暖的空气返回了城堡。

2. 净水厂能通过净水设施过滤掉淡水中的有害物质。

3. 过滤好的水会沿着自来水管流到居民家里或工厂等地。

人类饮用的水会通过尿液和汗液等排出来。

27

结束旅程的小水滴们在城堡里见面了，它们正忙着分享各自的旅程呢。

此时，城堡里又一次响起了"嘟嘟嘟！"的号声。

"想去冒险的小水滴们，现在集合啦！"

江河湖海里的水在太阳的照射下会变成水蒸气。水蒸气遇到冷空气会形成云朵。云朵逐渐变大后会成为雨或雪，降落到大地上。这些水最终会流向大海，再次蒸发。

这种循环现象，就叫"水循环"。

跟水滴三兄弟一起去冒险吧!

水滴三兄弟变成不同的模样,到处旅行。让我们看看
小水滴们都变成了什么模样,到了哪些地方吧。

🔍 空气中的水

空气中的水, 大多数
是气体状态的水蒸气。

在河流、大地、植物中
的一些水分会以水蒸气的
形态飞向空中。

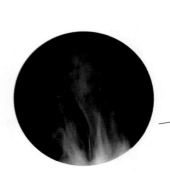

🔍 地下水

顾名思义,地下水是指地面下的水,是雨水
或冰雪融化后渗入土壤中形成的。

🔍 湖水

大部分以液体的状态呈现,湖水
中的水叫作淡水。淡水与海水不同,
是人类可以饮用的水。

 云

在空中的水蒸气，遇到低温会变成水滴或冰晶。这些水滴和冰晶共同组成云。

雪

云朵中的水滴和冰晶聚在一起，在低温状态下变成雪。

雨

云朵中的水滴聚在一起后成为雨。

高山极地的水

在高山极地，水以冰或者雪这种固体形态存在。所谓冰川是指覆盖陆地的冰层，占据地球面积的10%。

大海

大海是地球上水最多的地方，占据着地球70%的面积。海水含有大量盐分，人类不能直接饮用。

31

研究地球年龄的哈雷

因发现哈雷彗星而名扬四海的科学家爱德蒙·哈雷,在很多科学领域都有贡献。他在研究地球年龄的时候发现地球上的水是可以循环的。

爱德蒙·哈雷是一名英国科学家,1656年出生,家境富裕。他从小喜欢科学,并得到了父亲的大力支持。

你需要的是不是这个?

谢谢,这样我就能观察夜空了。

哈雷利用望远镜观测了月亮、水星、金星等。

好大的一颗星星。

哈雷发现了一颗与众不同的彗星。他计算出了这颗彗星的运行轨道和下一次出现的时间。

那颗彗星会在76年后如期而至的。

当过船长的哈雷，绘制了一张南半球的星座图。

商人和探险家可以通过这幅星座图航海了。

发现了许多科学秘密的哈雷一直对地球抱有好奇心。

地球究竟是何时诞生的呢？

某天，下着雨。

那些雨水终将流入大海。海水之所以盐分高，是不是因为陆地上的水将盐溶化后带入大海了呢？

流入大海的淡水会蒸发形成云朵，并将盐分留在海里，因此，计算出大海中原有的盐分和每年溶入大海的盐分，就能推算出地球的年龄了。

哈雷的想法虽然是好的，但却忽略了一点：海水中的盐分时刻都在随板块运动而发生变化，并非只进不出。因此，大海的盐分是相对恒定的。最终，他没能算出地球的年龄。

雨　水蒸气　蒸发　水库　地下水

33

一起了解与水循环有关的其他领域的知识吧。

人体内的水循环

　　人体的70%由水组成，血液的90%由水组成。这些水分在人体内担任搬运工的角色，也担任着调整人类体温的重要角色。我们的身体每一秒都离不开水。出汗、呼吸时，体内的水分会以水蒸气的形态从毛孔散发出来。体内流失的水分，靠喝水就会得到补充。人只要流失15%的水分就会有生命危险，但是一下子喝大量的水也会有生命危险。就像地球上的水在相对稳定的状态下循环一样，人体内的水分也必须是适量的。

积雪堆叠形成的极地冰川

　　南极洲有着积雪堆叠而成的高约4000米的冰川。而北极是由北冰洋和亚欧大陆、美洲大陆的沿海地区共同组成的，与南极不同的是，北极的冰川厚度远远不及南极。

小水滴们探险的地方

水滴三兄弟分为三个队，分别在以下三个地方进行探险。
请在下列圆圈中填上相应的水滴队长的名字。

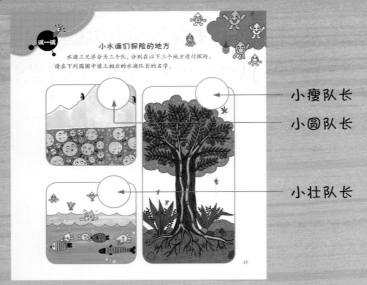

欢迎来到太阳酒店！

[韩]高英李/编　[韩]金相均/绘　殷泽民/译

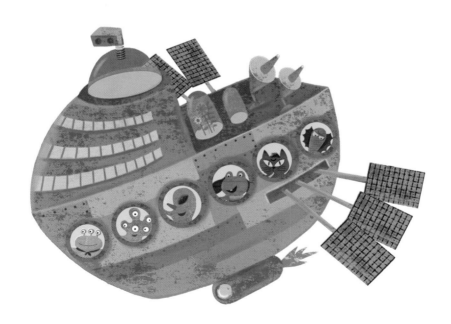

江西教育出版社
JIANGXI EDUCATION PUBLISHING HOUSE
·南昌·

太阳系

行星
- 水星
- 金星
- 地球
- 火星
- 木星 — 气体
- 土星 — 土星环
- 天王星 — 冰
- 海王星

卫星 — 月球

小行星

彗星 — 哈雷彗星

欢迎来到太阳酒店

太阳系是包含太阳、八大行星、卫星、小行星、彗星等在内的广袤宇宙空间。我们太阳酒店竭诚为来太阳系旅行的客人服务。

4

欢迎大家来到太阳酒店！

我们太阳酒店一共有多少颗行星呢？

没错，有八颗行星。

它们都是绕着太阳旋转的行星。

听起来很不错吧？接下来大家将会在行星上度过愉快的时光。

哦，地球除外哟，因为地球已经被预订满了。接下来为大家一一介绍，喜欢的话就赶快预订吧。

🌑 太阳是恒星。自己发光不移动的天体叫作恒星。
恒星、行星、卫星、小行星、彗星、星云都被称为天体。

6

首先要介绍的这颗行星就是太阳旁边的水星。它是太阳酒店最小的行星，名额有限，抓紧预订哟。这里白天有太阳光的照射，非常炎热；晚上没有太阳光照射，非常寒冷。推荐给既喜欢炎热白天又喜欢寒冷夜晚的朋友。

行星是围绕着恒星旋转，自身不能发光的天体。因为它能反射太阳光，所以看起来就像自己在发光一样。

我不喜欢炎热。

腰还有点痛，不如到金星去做桑拿吧。

没意思。

水星旁边是金星。

和水星相比，金星离太阳更远，但是更热。

这颗行星是为极不喜欢寒冷的人准备的。

在金星上过热情奔放的生活，有人想去吗？

金星是离地球最近的行星。 如果太吵的话，地球人可能会抗议的哟，所以晚上要保持安静。

我最适合不过了。

啊，我会很吵。

9

 卫星是在行星的引力作用下围绕行星旋转的天体。地球的卫星是月球，火星、木星、土星、天王星、海王星也有自己的卫星。

接下来要介绍的行星是地球。

很可惜地球已被预订一空，这次不能去了。

大家知道地球为什么最受欢迎吗？

没错，大海！ 因为地球上有蓝色的大海。

以后一定要到地球的海洋里游泳。

对了，地球有一颗绕着它旋转的卫星，叫作月球。

现在我们看到的是火星。

火星比水星大，但比金星小。这里有太阳酒店最高的山——奥林匹斯山。它的高度约是地球上最高的喜马拉雅山的三倍。

这里已经被来自地球的登山队长预订了。趁预订还没满员，喜欢爬山的朋友，快来预订吧！

对了，奥林匹斯山是火山。很久以前，火星上就有火山喷发了，很神奇吧？

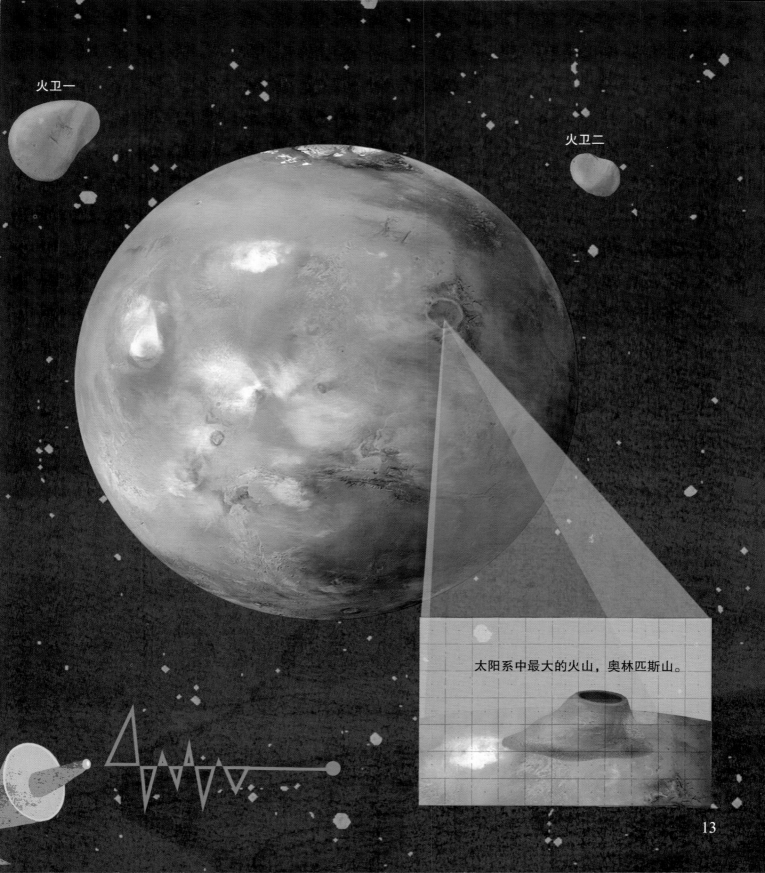

火卫一

火卫二

太阳系中最大的火山，奥林匹斯山。

13

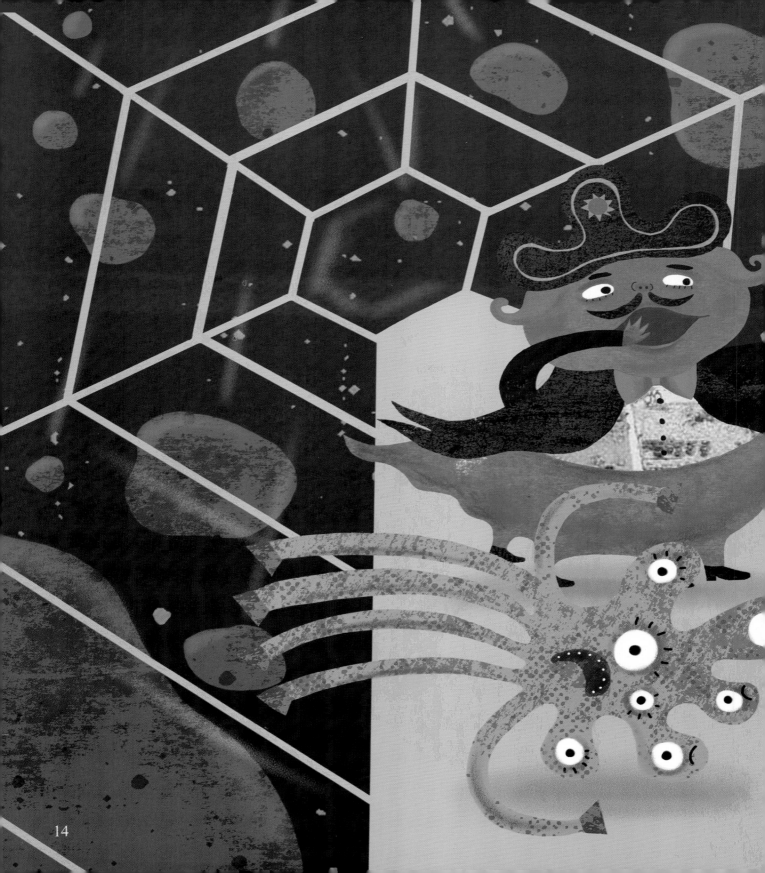

接下来我们要经过小行星密集区。
几十万颗小行星呈带状围绕着太阳转。
小行星是巨大的石块或岩石，形状大小各不相同。
我们为避开小行星会突然移动，大家要抓紧把手……
哎呀，摔倒了啊。

小行星是比行星小的天体，大部分聚集在火星和木星之间，像行星一样围绕太阳转。

我们没摔倒。

哎呀！

15

下一颗行星是木星。

木星是我们太阳酒店最大的行星。

木星是由一团气体组成的行星。

这是什么意思呢?

水星、金星、地球、火星表面都是坚硬的岩石。但是木星没有坚硬的地表,只有气体,所以在木星上,泳圈是必需品。

我觉得风不我很喜欢木星。

会刮大风吗? 木星真有趣。

16

像这样把泳圈套在腰上就可以到处游走了。

但要小心，因为有些地方的强风比台风还要猛烈。

累了的话，可以在围绕木星旋转的卫星上休息。木星的卫星上有坚硬的地表，这里位置很充裕，可以慢慢预订。

没意思。

好无聊啊。

17

　　这里是以美丽的光环而闻名的土星，也是太阳酒店的骄傲。

　　土星也像木星一样，是由气体构成的行星。它那美丽的光环是由许多薄环组成的，这些薄环又是由无数冰粒和尘埃组成的，它们大小不一，形状各异。

　　如果有人拿走环上的冰块，那就糟了。因为这是极其不文明的行为，而且会破坏土星美丽的光环哟。

19

下面要介绍的行星是天王星。

天王星由冰构成，所以非常蓝。这么漂亮的蓝色，只有在这里才能看到。太阳酒店最冷的行星就是天王星。

向讨厌炎热、爱出汗的人推荐超大功率制冷机——天王星。

21

下面是最后一颗行星——海王星。

海王星和天王星的颜色、大小都类似，同样也非常寒冷。

海王星是太阳酒店风力最强的行星。

现在滑翔机游玩项目正在做活动，限时免费哟。

想免费乘坐滑翔机的请赶快下飞船吧，下次就要付钱了呢。

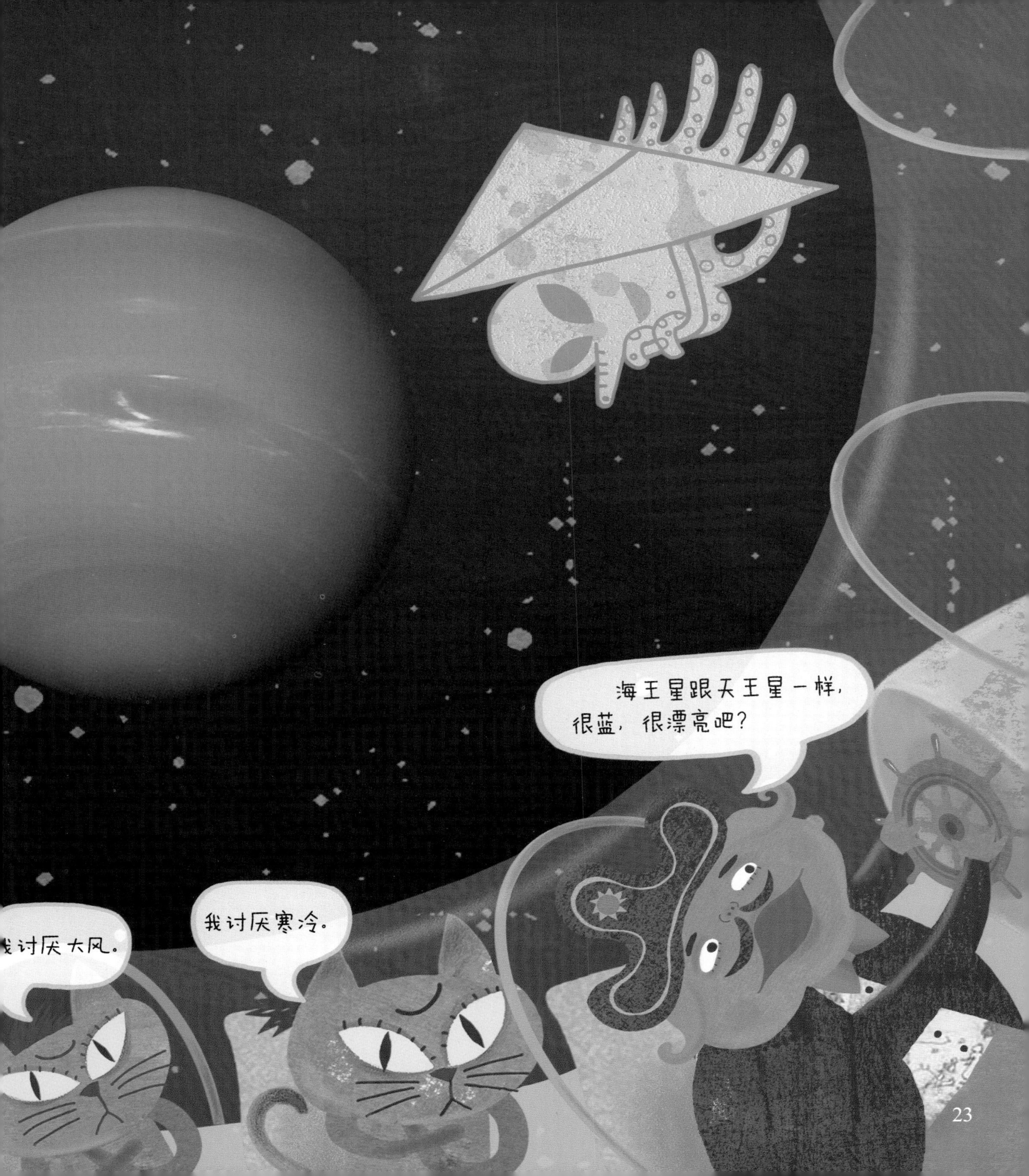
海王星跟天王星一样，很蓝，很漂亮吧？
我讨厌寒冷。
我讨厌大风。

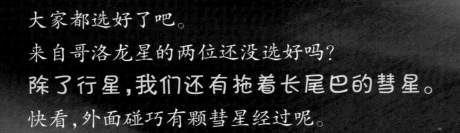

大家都选好了吧。

来自哥洛龙星的两位还没选好吗?

除了行星,我们还有拖着长尾巴的彗星。

快看,外面碰巧有颗彗星经过呢。

彗星主要由冰、气体和尘埃组成。它们从远处逐渐靠近太阳，与太阳擦肩而过，然后又绕回来。它们当中有的几千年后才回来，还有的干脆不回来了。

彗星是围绕太阳旋转的天体，其轨道呈椭圆形或抛物线状。因为它有长长的尾巴，所以也被称为扫帚星。

彗星？

哎呀,那位是从哥洛龙星来的吗?

就像猫在追老鼠一样,他去追彗星了。

很庆幸你们能喜欢。

我们太阳酒店是一个非常棒的地方,即使再挑剔的人来到这儿也能玩得很开心。

是彗星的话,冷也没关系。

27

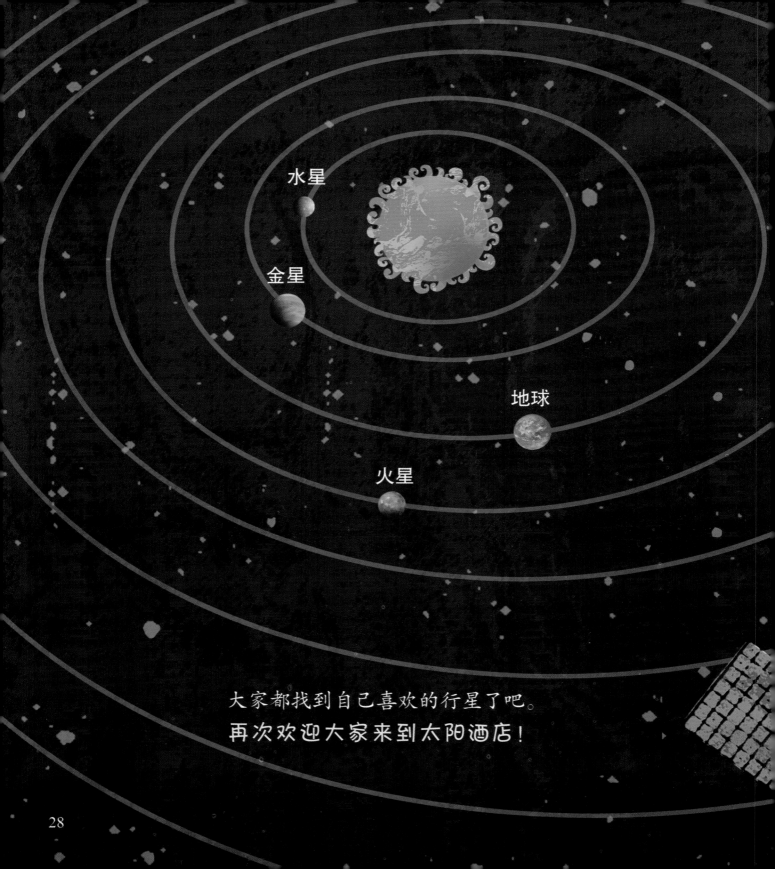

水星

金星

地球

火星

大家都找到自己喜欢的行星了吧。
再次欢迎大家来到太阳酒店！

海王星

天王星

木星

土星

绕太阳旋转的行星

太阳以及围绕太阳旋转的八颗行星、卫星和彗星等统称为太阳系。让我们以太阳为中心,按由近到远的顺序了解一下行星吧。

水星

水星是太阳系中最小,离太阳最近的行星。所以被太阳光照射的地方很热,没被太阳光照射的地方很冷。

地球

地球是我们生活的星球,有水和空气,不会太冷也不会太热。它是太阳系中唯一有生命的行星。

金星

金星是太阳系中最热的行星,和地球的大小最接近。金星离太阳的距离比水星远,但是更热。这是因为金星的大气主要由二氧化碳组成,起到了储存太阳能的作用。

火星

火星上有水流的痕迹,还有太阳系中最高的奥林匹斯山。

太阳

太阳系中唯一能自己发光的天体。地球上的生物利用太阳释放的能量生存。

木星

木星是太阳系中最大的行星。目前已知有 79 颗木星的卫星。在木星表面可以看到巨大的红棕色椭圆形红斑。大红斑是沿逆时针方向旋转的巨大的反气旋风暴。

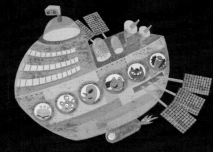

天王星

天王星是太阳系中最冷的行星。它像土星一样拥有光环，但比土星环要窄得多、暗得多，不太显眼。

土星

土星是一颗带着美丽光环的行星。土星的光环由冰粒、石头、尘埃组成。起初人们认为它是一个巨大的环，但是经过仔细地观察，人们发现它由数十万个细细的环组成。

海王星

海王星是离太阳最远的行星。它和天王星很像，风大，寒冷。海王星也有暗淡模糊的光环。

木星的伽利略卫星

木星有一颗名叫伽利略的卫星。我们来看看它为什么用科学家伽利略的名字来命名。

1609年,意大利科学家伽利略·伽利雷听说荷兰有一项惊人的发明。

筒里装有镜片。把眼睛凑近看看。

天啊! 对面屋顶上的猫好像就在眼前。

这个发明就是望远镜。后来,伽利略对望远镜进行了改造。

哈哈

终于完成了!

伽利略开始用望远镜观察夜空。

夜空漆黑一片，你能看到什么啊？

我发现月球像地球一样，有深谷，有高山。

1610年，伽利略在观察木星时有了一个惊人的发现。

有三颗星星绕着木星旋转。

啊，不是三颗，是四颗！

我也想看。

有点好奇。

伽利略对木星进行了长时间的观察，得出了一个惊人的结论。

木星也有卫星。

后来，人们为纪念伽利略，将他发现的卫星命名为伽利略卫星。

如果望远镜的性能更好，就能发现更多卫星了。

随着科学的进步，人们发现了更多围绕木星旋转的卫星。

彗星画作

《博士来拜》

英国科学家埃德蒙·哈雷发现在1531年、1607年和1682年分别出现过一颗巨大的彗星。哈雷认为这是同一颗彗星，并预测大约每76年这颗彗星就会经过地球，也就是在1758年左右它会再次出现。1758年，这颗彗星真的出现了。为纪念哈雷，人们把这一彗星命名为"哈雷彗星"。有人认为在此之前，意大利画家乔托·迪·邦多纳就发现了哈雷彗星的存在。1303年的一个夜晚，乔托·迪·邦多纳在天空中看到了一颗彗星，并把它画在了自己的《博士来拜》这幅画中。从这幅作品中可以看到一颗彗星正从马厩顶上经过，有学者认为这就是哈雷彗星。

布拉格天文钟

捷克的首都布拉格有一座天文钟。这只安装在建筑物墙壁上的天文钟有600多年的历史，至今仍在运转。和现在的钟表不同，天文钟的表盘上有24个时间刻度，它不仅可以告知时间，还可以告知太阳的位置。古时候，人们根据天上太阳的位置约定见面的时间。通过这座天文钟还可以了解宇宙中月亮和星座的动向，世界各地的人都慕名前来参观。

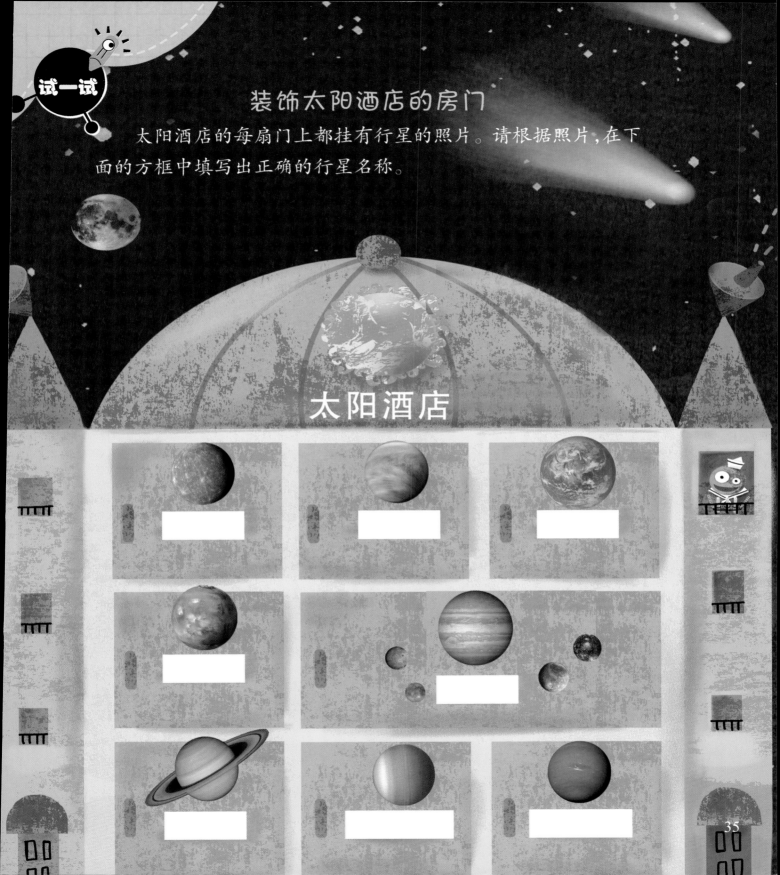

试一试

装饰太阳酒店的房门

太阳酒店的每扇门上都挂有行星的照片。请根据照片,在下面的方框中填写出正确的行星名称。

太阳酒店

试一试

装饰太阳酒店的房门

太阳酒店的每扇门上都挂有行星的照片，请根据照片，在下面的方框中填写出正确的行星名称。

太阳酒店

水星	金星	地球
火星	木星	
土星	天王星	海王星

我喜欢忽冷忽热的水星。

这里热气腾腾的，像蒸桑拿一样，我喜欢金星。

我喜欢有奥林匹斯山的火星。

我喜欢有大红斑的木星。

这里也有冰块，那里也有冰块，我喜欢天王星。

我喜欢有美丽光环的土星。

我喜欢可以乘风滑翔的海王星。

为什么天气不可预测？

[韩]李善雅/编　[韩]金英秀/绘　付铃迪/译

江西教育出版社
JIANGXI EDUCATION PUBLISHING HOUSE
·南昌·

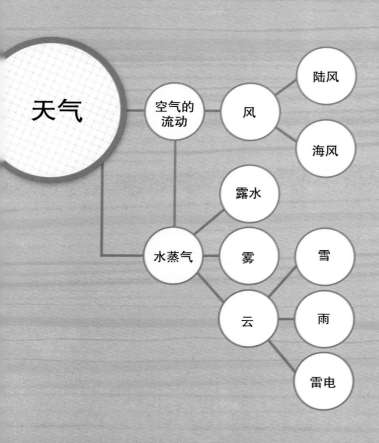

天气
空气的流动
风
陆风
海风
水蒸气
露水
雾
云
雪
雨
雷电

"我弟弟是个变化无常的人，心情时好时坏，笑着笑着就哭起来，总是一会儿这样，一会儿那样。天气也变化无常，风一会儿从这边吹来，一会儿又从那边吹来。天空阴晴不定，一会儿下雨，一会儿又会浮现彩虹。空气冷热交替，总是一会儿这样，一会儿那样。"

天气不可预测是因为空气呀。

6

打开窗户，会吹进凉爽的风。

屋子里的暖空气跑到外面，外面的冷空气进到屋子里。

暖空气比冷空气轻，所以向上升，冷空气则移到暖空气原来的位置。

空气像这样移动就形成了风。

白天去海边的话,风从海面吹来。
大地吸收太阳的热量比大海更快。
地上的暖空气上升,海上的冷空气就会向陆地移动。
凉爽的风吹来,心情是不是很好呀?

海风是指白天从大海吹向陆地的风。

9

陆风是指晚上从陆地吹向大海的风。

太阳落山后，风向会发生变化。这时，风会从地面吹向大海。

地面冷却得比大海快，所以当没有阳光照射时，地上的空气会迅速变冷。

这样一来，当海面上的暖空气上升时，地面的冷空气则向大海移动。

风从大海吹向地面，又从地面吹向大海。

空气冷热交替，是因为风向发生了变化。

11

天空阴晴不定是因为空气中含有水蒸气。
水蒸气是水的气体形态,通常我们看不见它。
在冬天不刮风的晴朗早晨,可以看见由水蒸气形成的雾。
如果夜间气温下降,水蒸气就会变成水滴。次日清晨,草叶上的露珠,就是水蒸气凝结而成的。

水蒸气是空气中气体状态的水。
空气中的水蒸气遇冷,就会变成液体状态的水,这种现象叫作凝结。

13

看见那边飘浮的云彩了吗？

云彩是由升到天空的水蒸气形成的。水蒸气和温暖的空气一起升上天空，在那里遇到冰冷的空气，它们互相凝结，变成很小的水滴或冰粒。天空中的小水滴或冰粒聚到一起，便形成了云彩。

14

15

云中的小水滴或冰粒真淘气。

它们缓缓地聚集在一起，密密麻麻的，然后渐渐变大，越来越重。

小水滴太重的话就飘不动了，于是变成雨滴，噼里啪啦地往下掉。

这就是下雨。

雷雨是雷电交加的倾盆大雨。因为光比声音传播得快，所以通常都是先看见闪电再听到雷声。

风雨交加的夜晚，把人们从睡梦中惊醒的雷电，也是由云彩里的小水滴和冰粒而产生的。

　　小水滴和冰粒们可一刻都不闲着。它们在云中快速地移动，并互相碰撞。

　　这样一来，便产生了静电并闪现出火花，这就是闪电。

　　闪电出现时，会发出"轰隆轰隆"的声音，这就是雷。

　　云彩里的小水滴和冰粒，变成雨滴落下后，云彩就不见了，天空顿时变晴朗了。

　　炎热的夏天有着长长的梅雨期。

　　到了秋天，风很凉爽，蓝蓝的天空中没有一丝云彩。这时候，大家可以一起观赏美丽的枫叶了。

到了冬天,小水滴和冰粒们会变得
安静吗?
不,不是这样的。

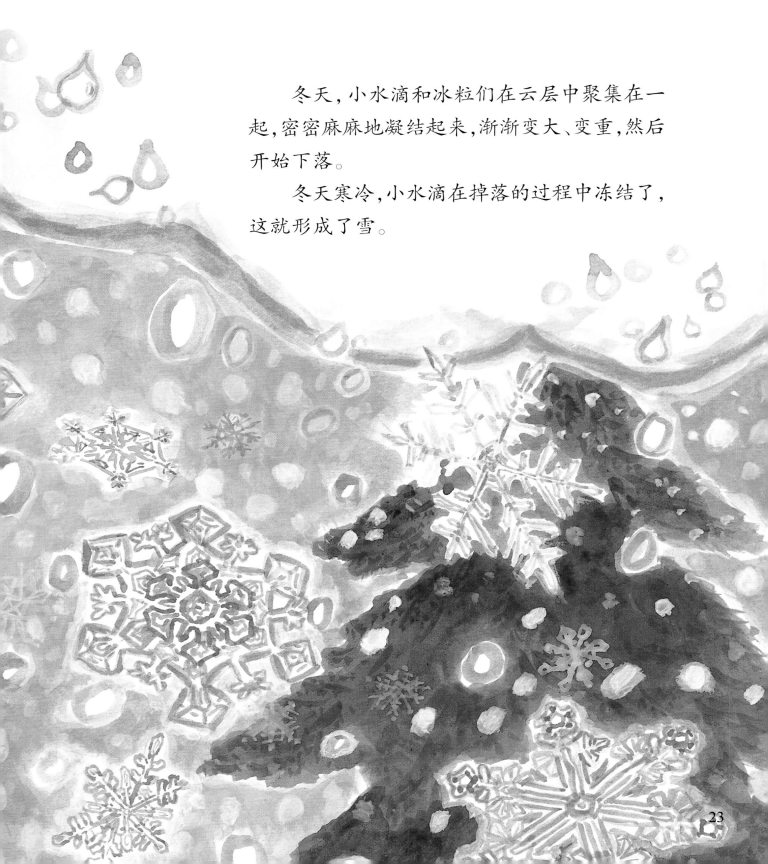

冬天，小水滴和冰粒们在云层中聚集在一起，密密麻麻地凝结起来，渐渐变大、变重，然后开始下落。

冬天寒冷，小水滴在掉落的过程中冻结了，这就形成了雪。

下雪的时候可以堆雪人，也可以打雪仗。

真开心呀！

25

"哇,太阳出来了,雪都融化了。
我还没玩够呢。"

不要太难过哟。没有了雪,我们
还可以玩别的游戏呀。

27

天气不可预测的最大原因就是我——释放出热量的太阳。

没有我的话,空气不会有冷暖差异。

这样一来,空气就不会流动,更不会产生云了。

没有云,也不会有雨和雪。

如果天气不发生变化,那多没意思啊。

正是因为天气每天都在变化,所以每天都能
玩不同的游戏,不是吗?

了解一下不可预测的天气

天气就是运用气温、气压、湿度、风、雨、云、雪等气象要素，对短时间内的大气状态进行描述。天气是瞬息万变的，每天都不一样。

为什么天气会发生变化，天气现象都有什么，一起来了解一下吧。

云

空气中的水蒸气和温暖的空气一起升上天空，水蒸气在天空与冷空气相遇，凝聚成小水珠和冰粒。这些飘浮的小水珠和冰粒聚集形成云。

风

暖空气上升后，冷空气横向流入；上升的暖空气冷却之后又开始下降，空气如此循环流动便形成了风。陆地和海洋分别从太阳那里获得热量之后，冷却的速度各不相同，因此空气变暖和变冷的速度也不同。所以，海边的风在白天和晚上是分别向不同方向吹的。

雨雪

云中的小水珠和冰粒凝聚在一起，逐渐变大、变重，之后落下，这就是雨。天气一冷，小水珠和冰粒在落下的同时被冻结，便形成了雪。

露与雾

到了夜晚，气温下降，空气中的水蒸气碰到树枝或草叶等，凝聚成水滴便形成露珠。空气中的水蒸气凝聚成很小的水珠便形成了雾，它们在地面附近灰蒙蒙地飘浮着。

雷电

云中的小水滴和冰粒在快速移动时发生碰撞，就会产生静电，这时产生的电火花便是闪电。闪电出现时发出的声音便是雷，雷是指空气因静电发热膨胀而发出的声音。

31

将云进行分类的卢克·霍华德

天空中飘浮的云彩有很多种形态，不同的天气能看到形态不同的云彩。英国气象学家卢克·霍华德曾将云进行分类，让我们来看一下他的故事吧。

英国气象学家卢克·霍华德从小就对天气很感兴趣。

天气每天都在变化啊。

你画了各种各样的云彩啊。

云彩形状不同，飘浮的高度也不同。等我长大了，我就给每种云彩起一个名字。

时间一天天过去，长大成人的霍华德看了瑞典植物学家林奈是如何为植物命名的。

他把植物的特征写在名字里了啊。那么我得用云彩的形态特征来给它们命名了。

植物种志

林奈

我整理了给植物命名的方法。

卡尔·冯·林奈

最古老的气象测量仪：测雨器

种地需要熟悉天气，了解降雨量对农事很重要。古代下雨之后，人们通过测量雨水渗入土地的深度来估算降雨量。但是雨水渗入土地的深度因场所的不同而不同，所以很难准确估算出降雨量。后来，人们发明了世界上第一个测量降雨量的气象观测仪器——测雨器。测雨器通过测量一定时间内圆筒中积存雨水的深度，从而得出降雨量。测雨器出现后，人们便可以更加精确地测量出降雨量。

与天气有关的俗语

俗话说"燕子低飞要下雨"。下雨前，空气中的水蒸气增多，昆虫的翅膀会变重，飞得很低，而燕子也会为了捕食昆虫而飞得很低。还有"蚂蚁搬家蛇过道，明日必有大雨到"这样的俗语。下雨前，空气中的水蒸气增多，地面的水汽也会增多。蚂蚁为了不被水淹，会把家里的粮食和卵转移到安全的地方。

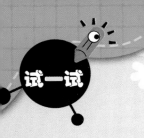
试着画一下天气

看看今天的天气怎么样，请写下来，并画成一幅画吧。

今天的天气 _____.

答案就在这里

试一试

试着画一下天气

看看今天的天气怎么样，请写下来，并画成一幅画吧。

今天的天气 ＿＿＿＿＿＿＿＿＿＿＿＿＿ ————— 下雨了

35

让天气变幻莫测的就是我——太阳。

哈哈！所以空气才会流动，形成风，形成云彩，形成雨和雪。

36

人鱼公主

[韩]许真喜/编　　[韩]黄忠旭/绘　　唐坤/译

江西教育出版社
JIANGXI EDUCATION PUBLISHING HOUSE
·南昌·

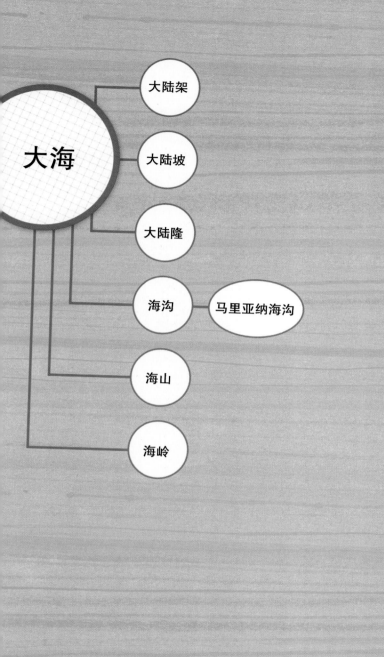

大海
大陆架
大陆坡
大陆隆
海沟 —— 马里亚纳海沟
海山
海岭

碧蓝的海面上漂着一艘大船。

人鱼公主和王子在甲板上享用着奢华的美食。

今天是人鱼公主和王子结婚一周年纪念日。

人鱼公主为跟王子结婚吃了魔法药。

吃了药后，人鱼公主在陆地上就会长出两条腿，回到水里又会变成有鳍的人鱼。

"在海上的感觉真好啊！"好久没出来的人鱼公主心情很好。

可是船随海浪摇摇晃晃，王子有点晕船，恶心想吐。

"公主，我们回城堡怎么样？"

"我还想再待一会儿。"

"那公主再多待一会儿吧。我先回船舱了。"

"什么，结婚纪念日让我一个人待着吗？"

生气的人鱼公主一跃而起，扑通一声，跳进了大海里。

海浪是大海的波浪，大部分因为风而产生。在海边看到的悬崖峭壁或洞穴，都是因海浪冲刷陆地的脆弱部分而形成的。

"啊,公主!"王子大声叫喊着,但是人鱼公主已经不见了。
"哎呀,该怎么办呢?我不会游泳,没法跳进大海啊……"
就在王子急得跺脚的时候,旁边传来了说话的声音。

"让我来帮你吧,王子大人!"人鱼公主的挚友塞巴斯出现了。

"你帮我? 怎么帮?"王子不可置信地问道。

"我有魔法水珠。有了这个水珠就可以在大海里呼吸,即使不会游泳也可以在海里自由行走。"

"好,那我们快去找公主吧!"

　　着急的王子还没等塞巴斯准备好魔法水珠，就抱着它扑通一声跳进了大海。

　　海水灌满了王子的嘴和鼻子。

　　咕噜咕噜。

　　"啊，王子大人！"塞巴斯赶紧让王子进入了魔法水珠。

　　"咳咳！哎哟，差点呛死了。海水为什么这么咸啊？"

　　"因为海水中的盐分很高。"

大西洋

洋流指的是海水以一定的速度和方向流动的现象。由于海水的温度和盐度不同，再加上地球的自转，就产生了洋流。虽然洋流的方向根据季节或地形有所不同，但是基本上可以分为表层洋流和深层洋流。

王子乘着魔法水珠缓缓地在海里移动。

"哎呀，水珠自己在动呢。"王子环顾四周，觉得很神奇。

温暖的表层洋流

🌀 表层洋流是指盛行风在海面上吹拂后形成的海水流动。

太平洋

寒冷的深层洋流

🌀 深层洋流是指因海水的温度和盐度不同所引起的海水流动。

"因为海水在不停地流动呀。"

"真的吗？海水在流动？往哪儿流？"

"热带地区温暖的海水往寒冷的极地地区流，极地地区寒冷的海水向温暖的热带地区流，这样的循环流动调整了地球的温度。"

魔法水珠慢慢地往下沉。

然后，出现了像陆地一样平坦的海底大陆。

"哇！快看那边的鱼群！"王子被大海里的景色迷住了。

这里倾斜度比较小，与陆地非常相似。

河流带来的淤泥和动植物废渣沉淀下来，变成了沙子和泥地。而动植物废渣又是海洋生物的食物，所以这里有很多鱼。

大陆架从陆地边缘延伸到海洋,深度在200米以内,是坡度较缓的海底地形。

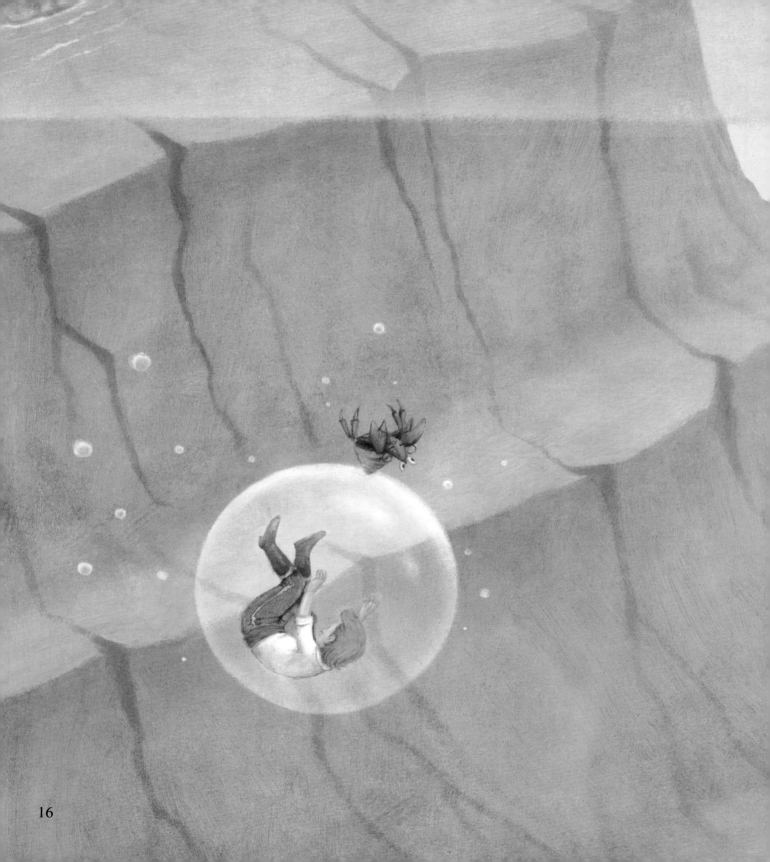

"啊！"王子突然尖叫起来。

魔法水珠开始咕噜咕噜地滚起来，王子和塞巴斯也跟着滚了起来。

原来是平坦的海底突然变陡了。

塞巴斯大喊："王子大人，快稳住重心，控制水珠的移动方向，掉进海沟可就麻烦了。"

大陆坡是连接大陆架和深海平原的，倾斜度非常大的海底地形。

魔法水珠滚了很久才停下来。

"哎呀,好晕啊。这里到底是哪里啊?"

"我们还是掉进海沟了。"

"海沟?"

"这里就像陆地的山谷一样。"

"我们好像滚了很久,这海沟一定非常深吧?"

"是的。海底还有很多比这里更深的海沟。有一些海沟甚至比世界上海拔最高的珠穆朗玛峰倒过来还深。"

18

"啊，那我见不到公主了吗？我们现在该怎么办？"

"不用担心，我们很快就能脱险。"塞巴斯一说完，魔法水珠就开始缓缓上浮了。

😊 海沟是在大陆坡的尽头形成的狭长的"V"形凹陷地带，形似陆地上的山谷。

大多数海山是由板块运动及其引发的火山活动而形成的，有着与陆地火山相似的地形。

魔法水珠离开海底，穿过了宛如平原、山地和丘陵一般的地方。

"哇，海底跟陆地差不多呢。"

他们就这样漂啊漂啊，突然王子看到了很多美人鱼在游泳。

王子想，或许人鱼公主也在这里。他东张西望找了半天，最终还是没有看到人鱼公主。

大海比王子想象的要广阔得多。

漂啊漂啊，却一直看不到尽头。

"塞巴斯，大海究竟有多大呀？"

"大海占地表面积的 70%，是陆地面积的两倍多。"

"天啊，大海那么大啊！在这么广阔的大海里怎么找公主啊？"

就在这时，远处传来了熟悉的歌声。
"啊，这个歌声是……"王子朝着歌声的方向看去，
看到了坐在礁石上的人鱼公主。

"公主！"王子高兴地喊着。

"天哪，王子！"两人就像什么也没发生似的，高兴地拥抱在一起。

"你是怎么来到这里的呀？"

"多亏有塞巴斯的帮助，我才能到这里。"

远远地注视着人鱼公主的海洋之王靠过来说道："你们知道为什么大海看上去是蓝色的吗？这是因为大部分的光都被大海吸收了，只有蓝光被海水反射出来，所以大海看起来是蓝色的。希望你们的爱情也像大海一样，接受彼此内心不同的颜色，绽放出美丽的蓝色！"

　　然后，人鱼公主和王子牵起了手。

"请一定要用比大海更深、更广的心去相爱，去生活。"
海洋之王再次说道。

　　"王子对我的爱显然比大海还要深。在他冒着生命危险来
这里找我的时候，我就知道了。"

　　听了公主的话，王子微笑着说："不，公主的心才是真的比大
海更宽阔，因为她愿意原谅我并重新接受我。"

　　就这样，人鱼公主和王子明白了彼此的爱，从此过上
了幸福的生活。

让我们一起来了解海底地形吧！

地形是指土地的形态和形势。海底也像陆地上一样，有山地、平原、山谷一类的地形。让我们一起来了解各种各样的海底地形吧。

大陆架

大陆架从陆地边缘延伸到海洋，深度在 200 米以内，是较平缓的海底地形。大部分的海洋生物都生活在这里，这里埋藏着石油和天然气等资源，所以海洋开发非常活跃。

海岭

海岭是在 4000~6000 米深的海底，以狭长的山脉形状崛起的海底地形。在较开阔的海洋中，比周围高出 约 2500~3000 米的大型海岭称为中央海岭。

（为了能够更好地了解海底地形，这幅图对实际地形进行了相应的缩小或放大）

海沟

海沟是在大陆坡的尽头形成的狭长的"V"形凹陷地带，类似于陆地上山谷的海底地形。世界上最深的海沟是位于太平洋西部的"马里亚纳海沟"。它比陆地上最高的珠穆朗玛峰倒过来还要深。

海山

　　海山主要因海底的火山活动而形成，有着与陆地火山相似的地形。

　　这里存在大量的玄武岩。因为它与陆地上的山形状相似，所以被称为"海山"。

大陆坡

　　大陆坡位于大陆架和大洋底之间，是联系海陆的桥梁，倾斜度非常大。一般分布在大陆架向海底延伸约 1270 ~ 3000 米的区域。

大陆隆

　　大陆隆位于大陆坡和深海平原之间的缓坡地带，是大陆坡末端的地形。

在海底探险的西尔维娅·艾尔

有一位海洋学家曾潜入海底累计 7000 多小时进行探险。让我们读一读这位热爱海洋的海洋学家西尔维娅·艾尔的故事吧。

海洋学家西尔维娅·艾尔在学习海洋知识的过程中，产生了很多疑问。

人类对海洋的研究非常不足，对海洋的了解甚至远远少于对月球的了解。

西尔维娅·艾尔在海底探险后写了一篇报告。

这是一份关于生活在墨西哥湾附近的海底植物的报告。

海底植物竟然有数千种，真是令人吃惊啊！

于是，西尔维娅决定亲自到海里探险。

西尔维娅，要小心啊。

西尔维娅一直不顾危险，在海底探险。她勇于尝试新型潜水设备。

西尔维娅，你愿意穿着我发明的潜水器在海底行走吗？

虽然看起来会有危险，但我还是想试试。

当时的水肺潜水只能在30米左右的浅海中短时间潜水，而利用潜水艇又无法仔细观察海底。为了能在深海中长时间漫步，观察海底的各个角落，科学家发明了潜水器。西尔维娅借助潜水器，潜到海底381米深处，并且前所未有地在海里漫步两个多小时。

西尔维娅，你在海里待了两个多小时，可能会有生命危险。

感觉20分钟都没到呢。

80多岁的西尔维娅·艾尔仍然坚持潜水并在海底探险。她创办了"蓝色任务"基金会（Mission Blue），致力于保护海洋生态环境。西尔维娅到现在还保持着对大海的热爱。

地球上的水，海洋占97%。但是我们对大海的了解太少了，所以我们必须继续探索海洋。只有了解海洋，才能守护生活在海洋中的宝贵生命。

大海的征服者——维京海盗

维京人大多生活在斯堪的纳维亚半岛一带，利用海路进行商品交易。他们生活在寒冷而贫瘠的土地上，难以维持生计，所以乘船四处征战，寻找适合居住的地方。于是，人们渐渐认为维京人就是四处抢掠的海盗。维京人所乘坐的船因形状独特而出名。船身狭长轻便，两端卷起，灵活轻巧，利于战斗。

海底冒险文学

法国的科幻小说家儒勒·凡尔纳出生于 1828 年，他的小说讲述了在地球各地冒险的神秘故事。其中，1869 年出版的《海底两万里》讲述了阿龙纳斯教授一行人乘坐"鹦鹉螺号"潜艇所经历的奇幻海底之旅。他们与巨型乌贼作斗争，穿越深海隧道，遭遇了海底火山喷发等等。儒勒·凡尔纳以科学知识为基础，对海底世界进行了大胆的设想。

想一想，这是海底的哪里呢？

下面是关于海底地形的图片及说明文字，请连接相应的名称。

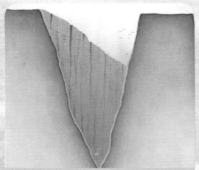

狭长的"V"型凹陷地带，像陆地上的山谷一样的海底地形。

从陆地边缘延伸到海洋，倾斜度较缓的海底地形。

位于大陆架和海底之间，倾斜度非常大的海底地形。

大陆架

大陆坡

海　沟

答案就在这里

公主，海里的地形就像陆地上一样，有平坦的地方，也有高山和山谷。我穿越了所有地方，才来到你身边。

被告上法庭的
地震学家

[韩]张善慧/编　　[韩]张善焕/绘　　张蕾/译

江西教育出版社
JIANGXI EDUCATION PUBLISHING HOUSE
·南昌·

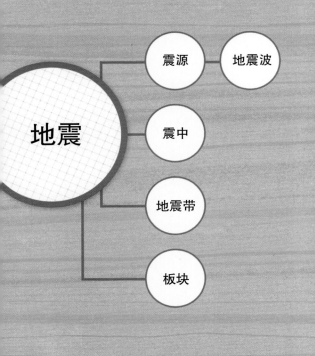

在当当国的法庭上,传来了检察官高亢的声音:"地震发生前,在座的这6位地震学家说这里不会发生大地震,但没过几天大地震就发生了,导致300多人失去了生命。"

地震是受地球内部巨大冲击力的影响,导致地表断裂、大地摇晃的现象。地震会造成房屋倒塌、火灾,以及人员伤亡等。

4

"都是因为你们，我失去了妻子和孩子！"有人对地震学家大声喊道。

法庭瞬间变成了哭声的海洋。

"我没有了父母，呜呜。"

"呜呜，我失去了妻子。"

人们的哭喊声交织在一起，法庭一片混乱。

当！当！

法官使劲敲了几下法槌，法庭重新安静下来。

过了片刻，检察官站起来说道："大地震发生之前，有好几次小地震预警，但当时地震学家却说不会再发生地震。"

　　检察官狠狠地看向地震学家。

　　这时一位地震学家犹豫了一下，站了起来。

"很多人在地震中失去了生命，我对此深表遗憾。地震的发生并不简单。地球被坚硬的地壳包裹着，并且由多个板块组成。地壳在板块运动过程中累积应力，当地壳承受不了这种应力时，便会发生断裂、错动，释放出巨大的能量，引发地震。"

"你以为我们是来听你讲课的吗？"一个愤怒的旁听者喊道。

板块构造理论认为，地球表面由多个板块构成，地幔对流等地球内部运动导致这些板块向不同的方向移动，使得地球的岩层弯曲变形，从而引发地震、火山爆发、海啸等自然灾害。

板块交界处

11

地震带是指经常或容易发生地震的地方。板块交界处活动频繁，板块会向不同的方向移动，或靠近，或远离，当板块互相碰撞时便会引发地震。

"我想让大家明白，我们当当国正处于板块交界处，所以任何时候都有可能发生地震。即使多次发生小地震也不代表接下来会发生大地震。"地震学家冷静地说。

　　众人哗然。

　　地震学家的声音被听众的吵嚷声淹没了。

大部分的地震都发生在地震频发的地震带，但远离地震带的地方也会发生地震。而且大地震发生后的一段时间内，还会接连发生小地震，我们称之为余震。

"地震并不只发生在地震多发的地方，有时在离大地震带几百公里外的地方也会发生地震，甚至几十年之后还会再次发生地震。"地震学家看向旁听席，深吸了一口气，继续说，"地震随时随地都有可能发生，为了躲避不知何时何地会发生的地震，公司、工厂难道都要停工吗？"

听到这里，检察官站起来说道："地震学家一派胡言。让我们看一下以前发生在中国海城的地震。当时，科技远没有现在发达，但正是因为地震预测准确，很多人幸运地躲过了这场灾难。当时根据小地震频发而准确预测到了大地震的发生，因此地震学家所言全是为了掩盖自己的失误。"

"就是！就是！"

"把地震学家关进监狱！"

旁听席又喧闹起来。

🌀 海城地震是 1975 年发生在中国辽宁省海城县（今海城市）的大地震，震级为 7.3 级。

震级是用来表示地震强弱的单位，其数值越大，地震越强。

最终法官认为地震学家没能履行职责，致使很多人失去了生命，于是决定把地震学家关进监狱。

为此，全世界的科学家们坐不住了。5000多位科学家联合起来，由几位代表联名给当当国总统写了一封信。

敬爱的当当国总统：

以现在的科学发展水平，我们很难预测地震。

科学家只能尽力给出科学的建议。

如果因为建议与事实不符，就将科学家关进监狱，这不利于科学家的科学研究。

您不会是为了给地震后的损失找个替罪羊，才把科学家关进监狱的吧？

如果是的话，那这与数百年前惩罚主张地球在转动的伽利略有什么区别呢？

来自全世界的科学家

由于科学家们的来信，总统提出重新审理案件。

21

当当国国内关于地震和地震学家的话题又一次沸腾起来。

电视台和报社争相报道即将开始的审判。

科学家的一句话可能会导致很多人失去生命。

很多地震学家作为证人来到复审法庭。

他们纷纷发表言论。

"海城地震是唯一一次准确预测地震的例子。请看一年后在离海城不远的唐山发生的地震。突如其来的地震致使 24 万多人失去了生命。"

唐山地震是 1976 年发生在中国河北省唐山市附近,震级为 7.8 级的大地震。工业城市唐山损失惨重,超 24 万人丧生,约 16 万人受伤。

"2010 年的海地地震受灾严重,死伤近 43 万人,震惊世界。"

　　"2011 年的东日本大地震也是损失惨重。"

"难道每当发生地震,造成巨大损失时,都要把地震学家关进监狱吗? 只是因为没有准确预测地震? "

科学家们依次发言后,有几名旁听者开始点头表示认同。

东日本大地震是 2011 年在日本东北部发生的 9 级大地震。地震引发巨大海啸造成核电站损坏,导致近 2.3 万人死亡和失踪。

27

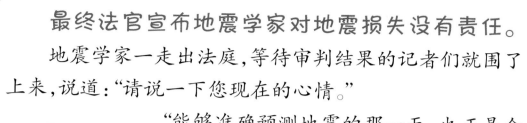

最终法官宣布地震学家对地震损失没有责任。

地震学家一走出法庭，等待审判结果的记者们就围了上来，说道："请说一下您现在的心情。"

"能够准确预测地震的那一天，也正是众多科学家梦想成真的日子。"说完这句话，地震学家拨开众人，默默离开了。

令大地晃动的地震

像当当国那样的大地震,是十分可怕的。让我们来看一下地震为什么会发生,又经常在什么地方发生吧。

地震

地震指地表受到地球内部力量的冲击,致使大地摇晃的现象。地震发生时,可能还会引发地表断裂、山体滑坡,甚至是火山爆发、海啸等自然灾害。

震中

震中是震源向上垂直投影到地面的位置。

地震波

地震波是以地震为能量来源的波动,并且以震源为中心向四处传播。

震源

震源是地球内部最初发生地震的地方。

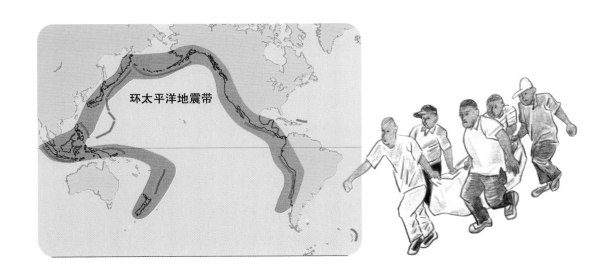

环太平洋地震带

🔍 地震带

地震带指地震集中发生及分布的地方。地球表面由多个板块构成，板块交界处地壳活动频繁，经常发生地震。将太平洋周边经常发生地震和火山爆发的地方连接起来，便是"环太平洋地震带"。

🔍 断层

当地壳承受不住地球内部持续的应力作用时，脆弱的部分会弯曲或断裂。断裂处的岩层发生位置错动，便形成断层。

提出表示地震强度方法的科学家

地震强度可用震级和烈度表示。

地震烈度在 1902 年由意大利火山学家麦加利提出。

地震震级在 1935 年由美国地震学家里克特提出。

过去发生地震，人们都不知如何表述。

啊！晃得这么厉害！

这次地震有多强烈啊？

这，没有标准就没法描述地震的强度，用什么作为地震强度的标准好呢？

麦加利去询问了亲历地震的人们。

地震发生时，身体摇晃的程度如何？书桌摇晃的程度如何？

身体晃得站不稳。

桌子上的书一下子都掉下来了。

嗯，要将人们提供的数据分类整理，标上等级。

感觉不到震动的为 1 级，破坏所有东西的为 10 级。

后来，其他科学家在麦加利总结的基础上，继续研究地震强度。

我觉得麦加利总结得还不够精确。

是啊，不如根据地震受损程度，分为 12 个等级吧。

美国地震学家里克特提出了新的方法。

我认为需要一个比人们的感受和地震损害程度更为客观的标准。

要想知道地震的强度，需要分析地震波。

哈哈，可以推算出地震发生时产生的能量。

地震的强度应该用震级（又称里氏震级）来表示。

多亏了麦加利和里克特，我们才能比较客观地表述地震的强度。

这次地震的震级有 4.5 级。

幸好离震中较远，这里的震级只有 2 级。

能预测地震的动物

　　大地震发生前，有些动物会表现出奇怪的行为。2008年中国汶川大地震的前几天，数十万只蟾蜍大迁移。科学家们认为动物的感知系统比人类灵敏得多，所以可以较早察觉地震。动物能察觉到极细微的变化，所以有的科学家通过研究动物的行为来预测地震。

战胜地震的瞻星台

　　2016年韩国庆州发生地震，致使多处历史遗迹严重受损。而当时韩国庆州的瞻星台却只轻微受损。瞻星台抗震的原因是其建筑结构科学合理。它的下半部分填满了泥土和石头，稳固结实；顶部"井"字形的构造和塔上的楔子能将塔身稳稳地固定住。瞻星台已有1400多年的历史，如今依然保持原貌，足以体现古代劳动人民的智慧。

假如发生了地震

如果发生地震，应该准备哪些东西呢？
请把应该准备的东西用圆圈标出来。

冰激凌

地震帽

积木

急救箱

方便面

方便米饭

机器人

手提灯

牛仔帽

35

答案就在这里

为了准确预测地震，地震学家们正不懈地研究着。我认为只有让科学家们自由地研究和发表成果，才能造福社会。

带你去
月球旅行

[韩]金善英/编　　[韩]张英善/绘　　刘琳/译

江西教育出版社
JIANGXI EDUCATION PUBLISHING HOUSE
·南昌·

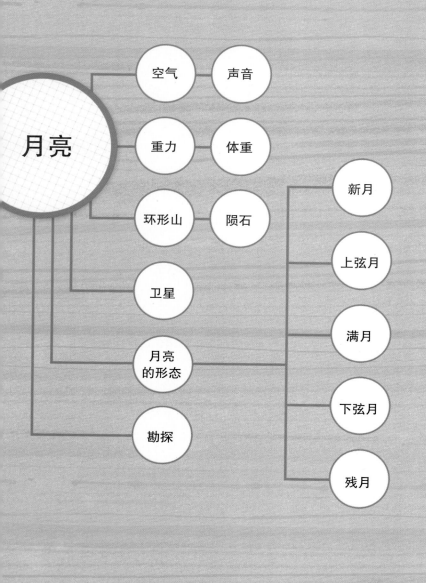

月亮

- 空气 — 声音
- 重力 — 体重
- 环形山 — 陨石
- 卫星
- 月亮的形态
  - 新月
  - 上弦月
  - 满月
  - 下弦月
  - 残月
- 勘探

月光旅行社是动物王国里最好的旅行社，里面有数不清的旅行项目，想去哪都可以。

今年是月光旅行社成立 30 周年，旅行社为顾客们准备了惊喜：

选三名顾客去月球旅行。

4

月光旅行社成立30周年活动

在报名的顾客中选三名去月球旅行。

游玩项目：

搭乘超级宇宙飞船

乘坐月球车巡游月球表面

在月球上自由活动

体验月球漫步

环游月球环形山

在月球上许下愿望

得到消息的动物们兴奋不已。丁零零, 丁零零! 旅行社的电话响个不停。网络也快要瘫痪了。

大家蜂拥而来, 都说想去月球旅行。

旅行社里的人多得连站的地方都没有了。

终于到了公布幸运儿的日子了。

"将要去月球旅行的三位幸运儿，分别是游乐设施发明家尖尖先生、服装设计师斑点女士、芭蕾舞女演员邓奇小姐。"

得知自己被选中的消息后，他们来到了月光旅行社，心里别提多开心了。

我今以以月球为主题设计衣服啦！

我要去月球上跳最后一支芭蕾舞。

我要在月球上寻找发明游乐设施的新点子。

终于到了去月球旅行的日子,尖尖先生、斑点女士和邓奇小姐第一次看到宇宙飞船,眼睛都瞪得大大的。

飞船很快要起飞了。

10、9、8、7、6、5、4、3、2、1,发射!

宇宙飞船轰隆隆地飞向了天空。

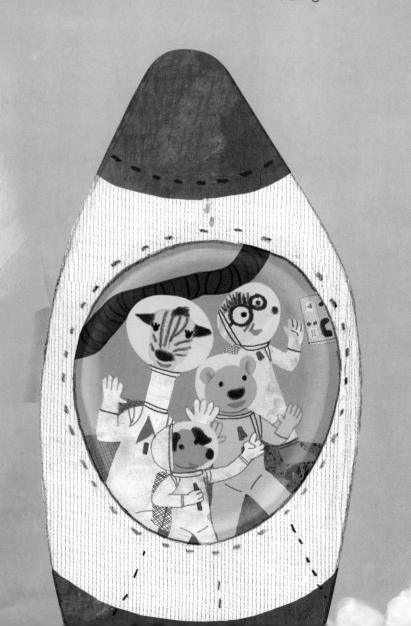

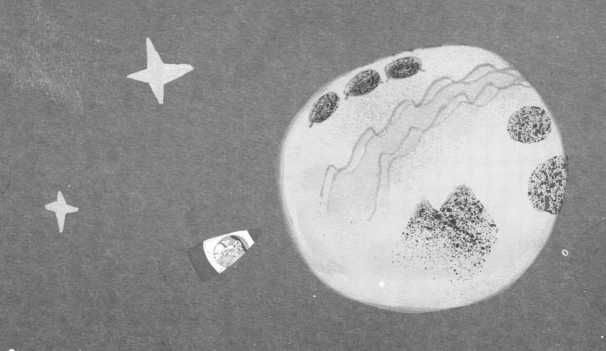

　　三个小伙伴快要到月球了,他们不停地向宇宙飞船
外面望去,激动地喊道:"看见月球了,好像到了!"
　　"我想赶快去看看月球上有什么。"
　　"我已经准备好在月球上做什么了。"

小伙伴们从宇宙飞船转移到了登月舱。
载着小伙伴们的登月舱安全着陆了。
"哇,是月球,月球!"
三个小伙伴穿着太空服跟随汪汪导游走出了登月舱。

大家怀着激动的心情踏出了在月球上的第一步。
他们很快发现月球和地球一点儿也不一样。
月球上没有空气，没有风，也没有云。
在粗糙的月球表面，连一棵树、一棵草也找不到。

月球上没有空气，也没有水，所以生物不能存活。
因为没有空气，所以不会刮风，也听不到声音。

　　"各位小伙伴，我们的月球旅行就要开始啦。首先要体验的项目是'月球漫步'。"汪汪导游介绍道。

　　然而无论走到哪里，都只能看到干巴巴的沙子和小石头。

　　后来，小伙伴们搭乘上了汪汪导游开来的车。

　　"这是月球车，可以在月球表面行驶。"汪汪导游说。

　　他们乘坐月球车行驶了好一会儿，能看到的依旧只有沙子和小石头。而且，月球表面坑坑洼洼，月球车颠簸得很厉害。大家的屁股像着了火一样。

月球表面大部分被沙子覆盖，这些沙子就是月球的月壤。它们大都因小行星的撞击而形成。

13

　　"大家注意了，现在的位置就是环形山了。这是只有在月球上才能看到的特别景象，是宇宙中掉落的陨石留下的痕迹。"汪汪导游解说道。

　　环形山是圆圆的样子，内侧深深凹陷，外侧好像被围墙包围着。

　　"陨石坑真是太神奇了。"三个小伙伴看着环形山，展开了想象的翅膀。

哇，这里可以当作 T 型台！

这里正好可以建游乐园呢！

月球表面有许许多多的环形山。

环形山是陨石撞击月球形成的凹陷。

月球和地球不一样，没有风雨等天气现象，所以环形山没有被风化消失，而是完好地保留了下来。

我的最后一场芭蕾演出要是能在这里举办该有多好呀！

15

"现在大家可以自由活动啦。"

汪汪导游给小伙伴们交代了自由活动的时间。

三个小伙伴都打算在月球上度过有意义的时光。

尖尖先生拿出了早已准备好的气球小船，将它抬到高处，然后就像乘雪橇一样，滑了下来。

突然气球小船被粗糙的石子儿划破了，"砰"的一声爆炸了！

紧接着，尖尖先生又尝试了滑翔翼。

但是月球上没有空气呀，怎么可能飞得起来呢。

在脚离地的瞬间，骨碌碌、骨碌碌，尖尖先生和滑翔翼一起滚了下来。

"旅行社分发的太空服实在是太一般了,一点儿也不合我的心意。"

斑点女士打算展示一下新款太空服。她把今年最流行的花纹围巾围在脖子上,又把帅气的大墨镜戴在了头盔上面,最后用手提起了小巧的包包。

就像模特一样,她漫步在月球表面。

咦，好像有些奇怪。

镜片马上就变形了，围巾也变得皱皱巴巴，包包的样子也变得很奇怪。

可能是月球的温度太高了，物体的形状全都发生了变化。

 在月球上，温度会随着月球位置的变化而变化。阳光照射的地方温度可高达 130 摄氏度，阳光照射不到的地方温度可低至零下 170 摄氏度。这是因为月球上没有空气，太阳的热量和宇宙的寒冷会毫无阻拦地传过来。

邓奇小姐打算在自由活动时间进行
最后一场芭蕾演出。

　　她最近变胖了,跳跃动作总是做不好,所
以她打算结束芭蕾生涯。

"我想在月球这个舞台上进行最后的演出。"
邓奇小姐挑选了一块平坦的地面，并架好了相机。
现在演出已经准备就绪了。

21

邓奇小姐挺直后背，登上舞台。

她发现手脚的动作，比任何时候都优雅。

她轻轻地一跳，天呐！"噌"的一下飞了出去，这感觉太棒了。

兴致勃勃的邓奇小姐用尽全力又跳了一次。

这次好像跳得太高了，落地的时候失去了重心，她一屁股跌坐在地面上。

那里是不是形成了屁股形状的坑呢？

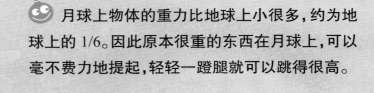 月球上物体的重力比地球上小很多，约为地球上的 1/6。因此原本很重的东西在月球上，可以毫不费力地提起，轻轻一蹬腿就可以跳得很高。

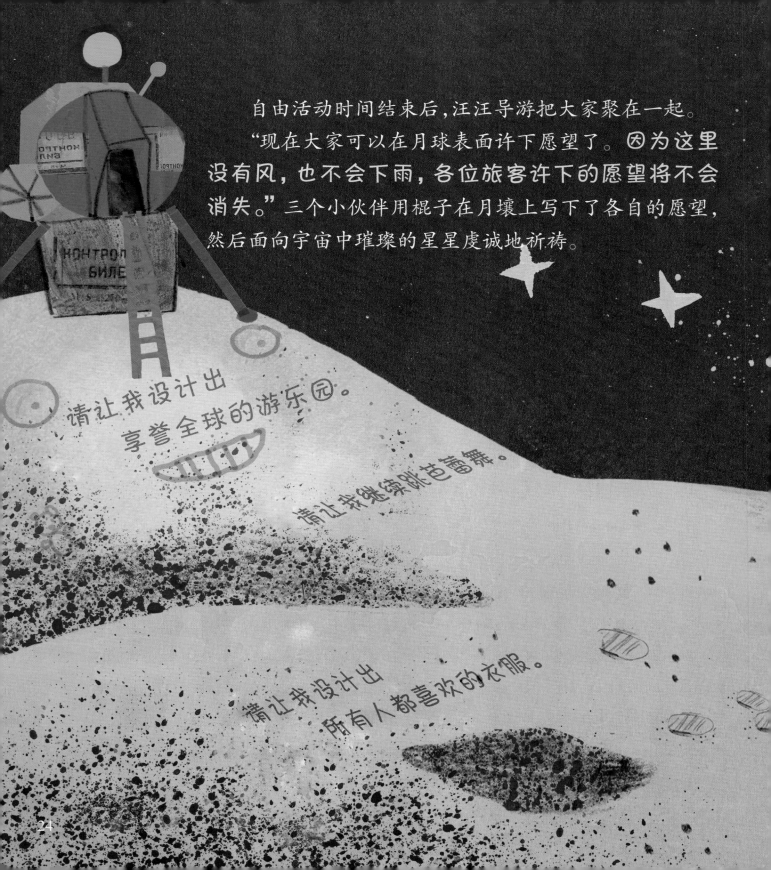

自由活动时间结束后，汪汪导游把大家聚在一起。

"现在大家可以在月球表面许下愿望了。因为这里没有风，也不会下雨，各位旅客许下的愿望将不会消失。"三个小伙伴用棍子在月壤上写下了各自的愿望，然后面向宇宙中璀璨的星星虔诚地祈祷。

请让我设计出享誉全球的游乐园。

请让我继续跳芭蕾舞。

请让我设计出所有人都喜欢的衣服。

他们注意到远处有颗蓝色的星星。

"哇，那颗美丽的星星叫什么啊？好想去那颗星星上看看。"尖尖先生说道。

汪汪导游笑着对尖尖先生说："那我们现在就去怎么样？那颗星星就是我们生活的地球呀。"

25

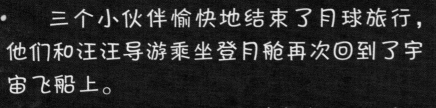

　　三个小伙伴愉快地结束了月球旅行，他们和汪汪导游乘坐登月舱再次回到了宇宙飞船上。

　　在返回地球的路上，望着窗外的汪汪导游对所有人喊道："各位小伙伴，快来这边！马上就可以看到美丽的地球了。"

　　不一会儿，大家都对宇宙飞船外面的景色赞不绝口。

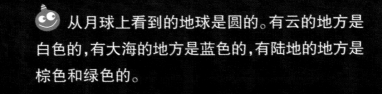 从月球上看到的地球是圆的。有云的地方是白色的，有大海的地方是蓝色的，有陆地的地方是棕色和绿色的。

三个小伙伴最终回到了地球。

没过多久，惊人的事情发生了。他们在月球上许下的愿望都实现了：

斑点女士设计的月球时装流行开来。邓奇小姐因月球上拍摄的芭蕾舞视频而成了明星。多亏这次旅行，她可以继续跳芭蕾舞了。尖尖先生以月球为主题设计的游乐园成了国际知名的旅游景点。

三个小伙伴都很感谢月亮，每晚都向月亮表达感恩之情。

月亮形态的变化

夜空中的月亮，每天形态都不一样，但实际上月亮是个圆圆的球体。随着月球围绕着地球旋转，被阳光照射到的范围会发生变化，因此我们所看到的月亮的形态也不一样。

 新月

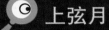 上弦月

 满月

新月时，月亮正对地球的一面完全变黑。因为太阳只照射月球的背面，所以在地球上是不能看到月亮的。

上弦月指月面朝西的状态，正午时升起，子夜时分落下。太阳落山的时候，可以在南边的天空看到它，子夜时分可以在西边的天空看到它。

满月时，月亮正对地球的一面完全被太阳照亮。满月在太阳落山时升起，太阳初升时落下，晚上经常可以看到它。

 月球的地形

小碎石和沙子覆盖了月球表面。因陨石坠落，月球表面有许许多多的环形山。月球表面的阴暗区域叫作"月海"。

 地球的天然卫星——月球

月球是唯一一颗绕地球旋转的天然卫星。绕行星旋转的天体被称为"卫星"。

下弦月

下弦月指月面朝东的状态，子夜时分升起，正午落下。子夜时可以在东边的天空看到它，凌晨可以在南边的天空看到它。

残月

残月是形态模糊的月亮。它凌晨升起，太阳落山前落下。因此我们可以在太阳初升前的东边天空短暂地看到它。

太阳

能看见日全食的区域。

月亮　地球

日食

日食是太阳的一部分或全部被月亮遮挡的现象。日食出现在月球处于地球和太阳之间的时候。月亮只遮住了太阳的一部分，称为"日偏食"；太阳全部被月亮遮住称为"日全食"。

月食

月食是月亮进入地球的地影中，一部分或者全部被地球本影覆盖的现象。地球的本影只覆盖了月亮的一部分，称为"月偏食"；月亮被地球本影完全遮挡，不能被人们看见，称为"月全食"。

地球　月亮

太阳

实现首次登月的尼尔·阿姆斯特朗

尼尔·阿姆斯特朗乘坐"阿波罗-11"号登月,成为第一个踏上月球的人。尼尔·阿姆斯特朗是如何登上月球的,又是如何返回地球的呢?让我们一起来了解一下吧。

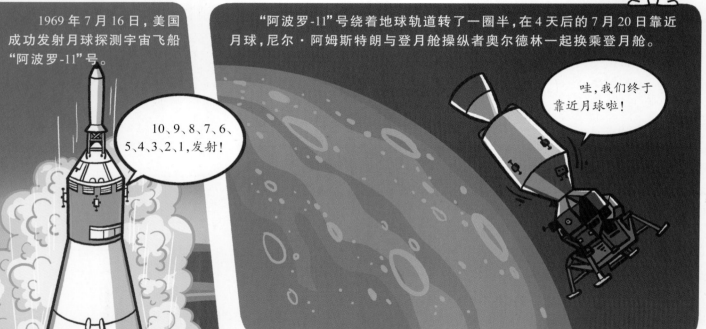

1969 年 7 月 16 日,美国成功发射月球探测宇宙飞船"阿波罗-11"号。

10、9、8、7、6、5、4、3、2、1,发射!

"阿波罗-11"号绕着地球轨道转了一圈半,在 4 天后的 7 月 20 日靠近月球,尼尔·阿姆斯特朗与登月舱操纵者奥尔德林一起换乘登月舱。

哇,我们终于靠近月球啦!

登月舱于 7 月 20 日在月球上稳稳降落,登陆成功。

现在我们只需要借助梯子就可以到月球表面啦。

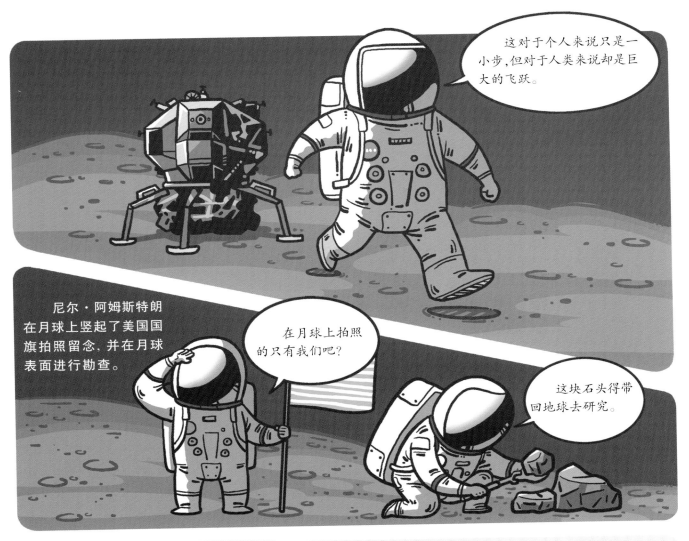

33

凡·高《星月夜》

凡·高画中的月亮与星星

　　荷兰画家凡·高画了很多夜空的作品。《星月夜》中黄色的星星和月亮照耀着旋涡状的夜空。有人分析：这幅画中的月亮是残月，凌晨，在东方的天空可以看到它。树旁的星星是被称为"启明星"的金星。在傍晚的西边天空或清晨的东边天空可以看到它。根据月亮升起的时间和位置来推测，这幅画展现的可能是凌晨3点到5点的光景。

各国月亮的故事

　　从地球上看，月球上明亮的部分和昏暗的部分就像花纹一样。然而，月球的纹路却是由无数的坑和山形成的。古人看到月亮的这种花纹，就会浮想联翩。在中国、韩国和日本，看着月亮的花纹，人们便想到桂树下捣药的兔子。在欧洲和美洲某些地区，人们看到月亮表面的花纹，会想到正在打水的女人。在其他地方还将其想象成螃蟹的脚或狮子、女人的脸等。虽然每个国家、每个人关于月亮的想象都不一样，但月亮的花纹在哪里看都是一样的。这是因为月亮的正面总是朝向地球，并围绕地球旋转。

月亮和地球的不同

来月球旅行的动物朋友们正在谈论着月亮。
请找出说错了的动物并标注×。

月球比地球重力小。轻轻一跳,就飞到了高处。

月球上没有空气,所以体验不了滑翔机。

在月球上,可以不穿太空服。我觉得太空服不好看,所以换了其他的衣服穿。

月球虽然没有水和空气，却是一个很棒的地方。我不会忘记曾在月球许下的愿望。

击败火山"巨人"

[韩]金美爱/编　[韩]安银珍/绘　张德强/译

江西教育出版社
JIANGXI EDUCATION PUBLISHING HOUSE
·南昌·

堂吉诃德正在家里休息。

此时，一只蚊子向他飞来。

"你是谁？快说出你的企图！"话音刚落，堂吉诃德便拿起长矛。

"主人，请您冷静，这只是一只蚊子。"桑丘在一旁拦着他，但并没有用。

"不要胡说，这分明是敌人派来监视我的。"说完，堂吉诃德大肆挥舞起长矛。

嗖 嗖嗖！

6

桑丘担心堂吉诃德再次惹是生非，匆匆地把蚊子赶走，并且准备了一桌美食。堂吉诃德只好在餐桌旁坐下。

这时，他的眼神突然变得严肃起来，他说："桑丘，你有没有感觉到，屋子正在晃动？"

"那是因为我在屋子里走路啊。"桑丘边走边说。

"你再听听，有'轰隆隆'的声音啊？"

堂吉诃德猛地站起来，打开了窗户。

远处的山上，灰烟正慢慢升起，轰隆隆的声音也越来越近。人们大声尖叫着，从家里跑了出来。

"那座山上出现了巨人，巨人正在欺凌弱小。桑丘，快走！"堂吉诃德一下跳上了自己最心爱的马——"驽骍难得"。

桑丘立刻抱住堂吉诃德的腿说道："主人，不能去！那不是巨人，那是一座可怕的火山！"

"什么？巨人的名字叫'火山'？"

火山是指在地底深处的岩浆和固体碎屑冲出地表后堆积形成的山体。

中国的长白山和韩国的汉拿山都是火山。

"我是英勇的骑士。我们去消灭
巨人吧!"

堂吉诃德骑上马,绝尘而去,桑丘
也骑上小矮马紧随其后。

"主人，别往前走了！火山就要爆发了！"桑丘声嘶力竭地喊着，可堂吉诃德却执意奔向火山。

堂吉诃德逐渐逼近吐着灰烟的火山，并大喊："胆小鬼巨人，别藏在山里不敢出来！"

"主人，快走吧，没看见人们都去避难了吗？！"

"勇敢的骑士是不会逃跑的。巨人，跟我真刀真枪地比一比吧！"

"都说了那个不是巨人。那些灰烟是地底下的岩浆要喷射出来的前兆。"

堂吉诃德对桑丘的劝阻无动于衷，无论桑丘怎么费尽口舌，他依然虎视眈眈地盯着火山。

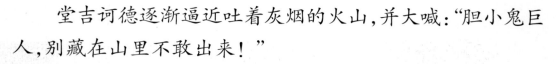

通常把在地壳深处的岩石因高温而呈液体状态的物质称为岩浆。当岩浆上升靠近地表时，压力减小，挥发分被急剧释放出来，于是形成火山喷发。

此时，山脊开始变得凹凸不平。

堂吉诃德直直地盯着山脊大喊："准备好跟我决一死战了吗？来吧！"

"啊！危险，那是火山喷发的信号！"桑丘颤抖着喊道。

"嘶——"堂吉诃德的马抬起前蹄，长鸣一声。

"可怜的家伙，看来你是害怕了。看我如何一招制敌。"说完，堂吉诃德举起长矛冲了过去。

15

轰隆隆的声响越来越近，大地开始摇晃起来了。

“巨人开始攻击了，冲啊！勇敢的骑士堂吉诃德来啦！”

堂吉诃德骑马猛地向前冲去。

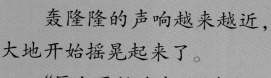

火山气体是火山喷发时产生的气体。该气体中水蒸气含量最多，并包含二氧化碳、二氧化硫、硫化氢等。其中二氧化硫具有毒性，不仅对生物有危害，而且也是形成酸雨的“罪魁祸首”。

这时，"砰"的一声，火山喷发了。

刺鼻的烟雾瞬间弥漫开来。

"咳，咳，哎呀，我喘不过气啦。主人，你到底在哪儿？"

桑丘寻找着堂吉诃德。

17

"桑丘，我来救你。"堂吉诃德四处寻找着冲了过去。

灰蒙蒙的火山灰像下雪一般，大大小小的石子也不停地坠落。

啪，其中一颗石子砸中了堂吉诃德。

"你们这些红薯怪兽，居然还敢打我，不可饶恕，看矛！"堂吉诃德胡乱挥舞着长矛。

"主人，那不是红薯怪兽，那只是长得像红薯的火山弹。"桑丘边躲避火山弹边跟着堂吉诃德往前走。

火山灰是指火山喷发出的碎石和矿物质粒子，直径极小。火山灰为细粉状，通常呈灰色或褐色。

火山弹是指火山喷发时，被抛到空中冷却后的熔岩。其颜色大多为褐色，通常呈纺锤状。

“咦，那些红色的是什么？”堂吉诃德疑惑地问道。熊熊燃烧的熔岩正沿着山脊快速地流淌。很快，熔岩扑向了山脚下的果园。

咕噜咕噜，果园瞬间被吞噬。不仅如此，熔岩还烧毁了窝棚和路边的畜力车。

"巨人正在向我们喷火，攻击！"堂吉诃德虽然嘴上大声喊着，但因害怕滚滚沸腾的熔岩，一动都不敢动。

不光堂吉诃德，连他的马都开始瑟瑟发抖。

这时，堂吉诃德不小心把长矛戳在了马屁股上。

"嘶——"受惊的马在原地蹦了起来，堂吉诃德从马上摔了下来，晕倒在地。

桑丘赶紧将晕倒的堂吉诃德搬回马背上，匆忙地逃离火山。

熔岩是指喷出地表的岩浆，温度极高，可达 700 ～ 1200 摄氏度，它在流淌的过程中慢慢冷却凝固形成火山岩。

23

火山喷发渐渐停止了。

桑丘躲到附近一家茅屋,细心地照顾昏迷不醒的堂吉诃德。

"巨人出现了,快击败他!"躺在床上的堂吉诃德猛地站起身来。

"主人,现在知道火山的厉害了吧。你刚才差点儿没命了,以后绝不能在火山喷发时靠近它,知道了吗?"桑丘不停地嘱咐着。

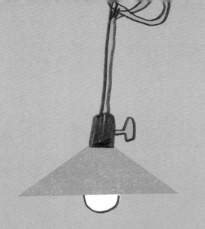

堂吉诃德握紧双拳说:"你个胆小鬼,勇敢的骑士是绝不做缩头乌龟的。看见没,是我将巨人打倒的。"

　　"唉，真拿他没办法。如果继续这样下去，不知道会惹出什么麻烦，怎么办呢？"桑丘想来想去，突然想到了村庄里的温泉，于是说："主人，听说那个村子里有热乎乎的温泉呢，那里面好像有人。"

　　"什么，难不成巨人躲在那里？快，快过去看看！"堂吉诃德立即动身。

从茅屋出来的堂吉诃德惊讶不已。

火山灰飘得到处都是,熔岩冷却后形状怪异,连玄武岩等奇石也随处可见。

"坏蛋巨人！居然把村庄弄成这副模样。"

堂吉诃德回头看了一眼村庄,便向温泉出发了。

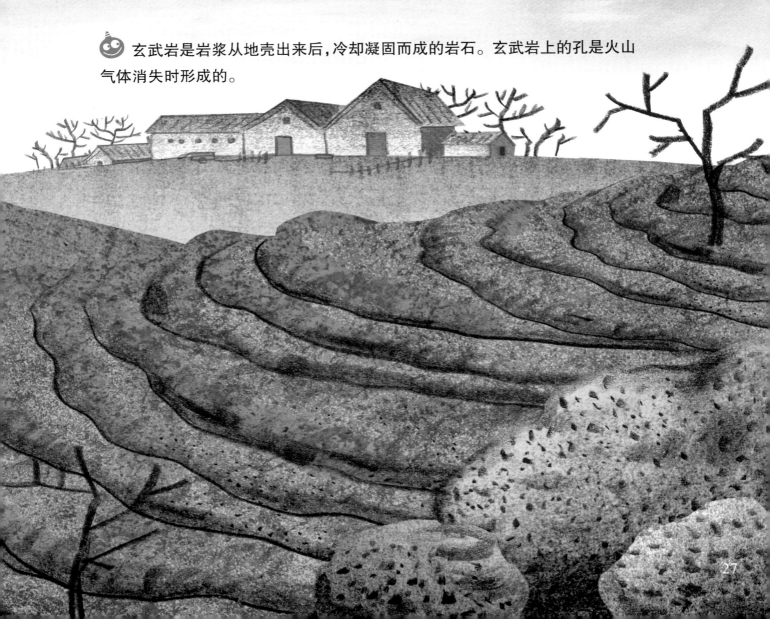 玄武岩是岩浆从地壳出来后,冷却凝固而成的岩石。玄武岩上的孔是火山气体消失时形成的。

　　来到温泉的堂吉诃德一下子跳了进去。

　　"烫，烫，烫！看来巨人果然藏在水底下。出来吧，巨人！勇敢的骑士来啦！"说完，堂吉诃德拿着长矛在温泉里刺来刺去。

　　桑丘闭着眼睛自言自语地说："今天真是艰辛的一天，好好地泡个温泉休息一下吧。"

温泉是地下岩浆对地下水起加热作用后形成的泉水。火山附近通常有很多温泉。

火山的真面目

堂吉诃德认为火山是又会扔石头，又会喷烟雾的巨人。
看看下面火山喷发的图片，一起学习一下什么是火山吧。

火山气体

火山气体是指高温高压下，地球内部岩石熔融而形成的岩浆中的挥发性成分。

火山气体中的水蒸气含量最多，并包含二氧化碳、二氧化硫、硫化氢等。

火山灰

火山灰是指由火山喷发出的直径小于 2 毫米的碎石和矿物质粒子，常呈灰色或褐色。火山灰中含有一些特殊成分，对农作物的生长有一定的帮助。

火山弹

火山弹是火山喷发时，熔岩被抛到空中，经过冷却而形成的弹状体。它的长度一般为 2 ~ 10 厘米，也有超过 10 厘米的火山弹。

岩浆

通常把在地壳深处的岩石因高温而形成的液体称为岩浆。由于压力的增加，岩浆会流溢出来。当地壳构造因素使岩浆库周围的压力失去平衡时，岩浆就会向压力小的地方运动，侵入并上升，甚至喷出地表。

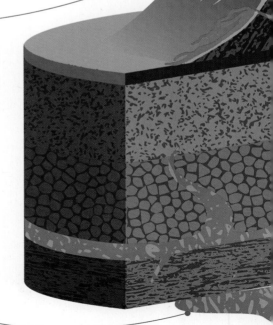

温泉和间歇泉

温泉是地下岩浆对地下水起加热作用后形成的泉水。由于岩浆的存在，通常在火山附近有温泉。每间隔一段时间喷发一次的泉水，叫做间歇泉。

火山口

火山口通常位于火山的顶端。火山喷发时，岩浆便从火山口喷出。

熔岩

熔岩是指喷出地表的岩浆。熔岩因为黏稠度的不同，形成了坡度陡峭的火山和坡度平缓的火山。

岩浆岩

岩浆岩是指岩浆或熔岩冷却和凝固后所形成的一种岩石。岩浆岩包含花岗岩和玄武岩。

花岗岩是没有喷出地表的岩浆，在地底深处经冷凝而形成的岩石。

玄武岩是喷出岩，它的冷却发生在地表。

岩浆内含有大量的挥发性气体，当岩浆喷出地表之后，压力突然变小，气体便从中释放出来，这样就形成一个个气泡，所以玄武岩的表面才会有气孔。

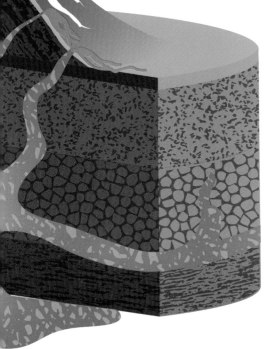

31

研究火山的克拉夫特夫妇

火山研究者为了能够预测火山喷发的时间而长期地观察和研究火山。让我们读一读把毕生都献给研究火山的克拉夫特夫妇的故事吧。

来自法国的火山学者莫里斯·克拉夫特和他的妻子总共观察研究了全世界范围内150多次火山喷发。

> 我的梦想是乘一只特制的小舟，在熔岩流中顺流而下。

> 我的梦想是在山坡上把这一幕给照下来。

1991年，日本云仙岳火山对沉浸在美景中的游人露出了狰狞的面孔。云仙岳的情况引起了夫妇二人巨大的兴趣。

> 这次应该能拍到珍贵的火山灰和火山弹的照片了。

> 应该很美丽吧。

抵达日本的克拉夫特夫妇接受了采访。

> 要拍火山喷发的照片，你们不害怕吗？

> 只有在最接近火山口的地方拍摄，才能向世人揭露火山的真实面目。

有灰色的烟雾冒出来，摄像机没有什么问题吧。

克拉夫特夫妇在接近火山口的地方架起了摄像机。

当然，我等这一天等得太久了。

不久，熔岩开始往外溢出，火山灰扑向了夫妇二人。很不幸，夫妇二人再也没能走出这座火山。

火山喷发是非常危险的。这是冒着生命危险拍下来的照片。

夫妇二人不惧危险拍下的照片为日后的火山研究提供了很大的帮助。

正是有像克拉夫特夫妇这样的火山研究者的努力，我们才能更深入地认识火山，减小火山喷发所带来的灾害。

蒙克的作品《呐喊》中的火山

蒙克 《呐喊》

1883 年，在印度尼西亚的喀拉喀托火山发生了猛烈的喷发。随着一声巨响，火山开始喷出火山灰与火山气体，使原本蓝色的天空变得一片血红。10 年后，挪威的画家蒙克以落日为背景画了一幅有人在呐喊的作品。这幅作品就是后来大家耳熟能详的《呐喊》。有专家认为，蒙克的这一作品恰巧与喀拉喀托火山喷发时的天气异象吻合。

请说出火山喷发时的情景

地表下的岩浆正在喷发。请给熔岩涂上颜色吧。

妈妈变成的星星在哪里？

[韩]江民又/编　[韩]姜允珠/绘　赵天翊/译

江西教育出版社
·南昌·

星空

行星

恒星

大熊座 — 北斗七星

小熊座 — 北极星

仙后座

星座的移动 — 地球自转

　　小星每天晚上都会仰望夜空，因为她觉得妈妈去世后一定是变成了星星。

　　但是她一直没有找到妈妈变成的那颗星星。

　　日复一日，小星的笑容越来越少，爸爸越来越担心她。

5

于是有一天，爸爸一边整理行李一边问道：
"小星呀，我们去看星星好吗？"

小星什么也没说，就跟着爸爸出发了。

爸爸驾车在蜿蜒的山路上跑了好一阵子，才停了下来。

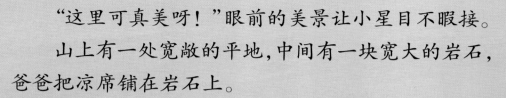

"这里可真美呀！"眼前的美景让小星目不暇接。

山上有一处宽敞的平地，中间有一块宽大的岩石，爸爸把凉席铺在岩石上。

小星望向山下，村庄尽收眼底。

不知不觉间，天空被晚霞染成红色，紧接着夜幕降临。

9

"爸爸，是星星！"小星指着天空大声喊道。

"那个不是星星。我们常说的星星，是指夜空中能自行发光的恒星。你指的这一颗名字叫作'金星'。"爸爸告诉小星。

"那么闪亮，却不是星星吗？"

"星星像太阳一样，自己就会闪闪发光，而金星却不能自己发光。它只能反射太阳光，看起来就好像是自己在发光一样。所以，金星不是恒星，而是像地球一样围绕太阳运转的行星。"

太阳

水星

金星

木星

地球

火星

土星

天王星

海王星

围绕太阳旋转着的水星、金星、地球、火星、木星、土星、天王星、海王星都是行星。行星虽然不能自己发光，但可以反射太阳的光线，所以在我们眼里它们就像一颗颗闪闪发亮的星星。在日出前东边的天空或日落时西边的天空都可以看到闪亮的它们。因为金星在行星中看起来最亮，所以很容易就在夜空中找到它。

不知不觉间,天空中布满了闪闪发光的星星。

"星星们是躲在了哪里,为什么现在才出现呀?"

看小星十分好奇,爸爸便说道:"其实星星一直在原地,只是白天阳光太强烈,所以才看不到它们。而城市里的灯光很亮,所以夜晚也看不到星星。"

"啊,难怪我找不到妈妈变成的那颗星星!"小星心里想着,静静地仰望天上的星星。

"如果仔细看的话，就会发现每个星星的颜色都不一样呢。"爸爸一边递给小星望远镜一边说道。

　　原来天空中闪烁的并非都是星星，而且每个星星的颜色都不一样，小星对星星的一切都觉得好神奇。

"小星，我们要不要一起找星座呀？"

"好呀！"

小星面带微笑，觉得如果能找到星座的话，就能马上找到妈妈变成的那颗星星了。

"看那边山顶。"爸爸伸长胳膊，用手指向北侧的天空，说道，"看到那个星座了吗？像勺子一样的。"

"看到啦，一颗，两颗，三颗，四颗，五颗，六颗，七颗！总共有七颗星星！"小星边数边说。

"对，那便是北斗七星。"

人们把三五成群的星星与神话中的人物、动物或器具联系起来，称之为"星座"，现共有 88 个星座。

北斗七星是由七颗恒星组成的形似勺子的星座。我们能在北方的天空看到它。

15

爸爸又指着另一个星座说道:"小星呀,看到那边像字母'W'的星座了吗? 那是仙后座。仙后座和刚才看到的北斗七星之间的那颗星星便是北极星。"

"我找到了! 那边能看到北极星!"

小星凝望着星空,但是仍旧没有找到妈妈变成的那颗星星。

小熊座

北极星 ——

北斗七星

北极星一年四季都在北方的天空中闪闪发光,位置几乎不变,所以古人总是借助北极星的位置来辨别方向。由于北极星不是非常明亮,在夜空中很难被发现,所以人们经常借助北斗七星和仙后座来判断北极星的位置。

仙后座

17

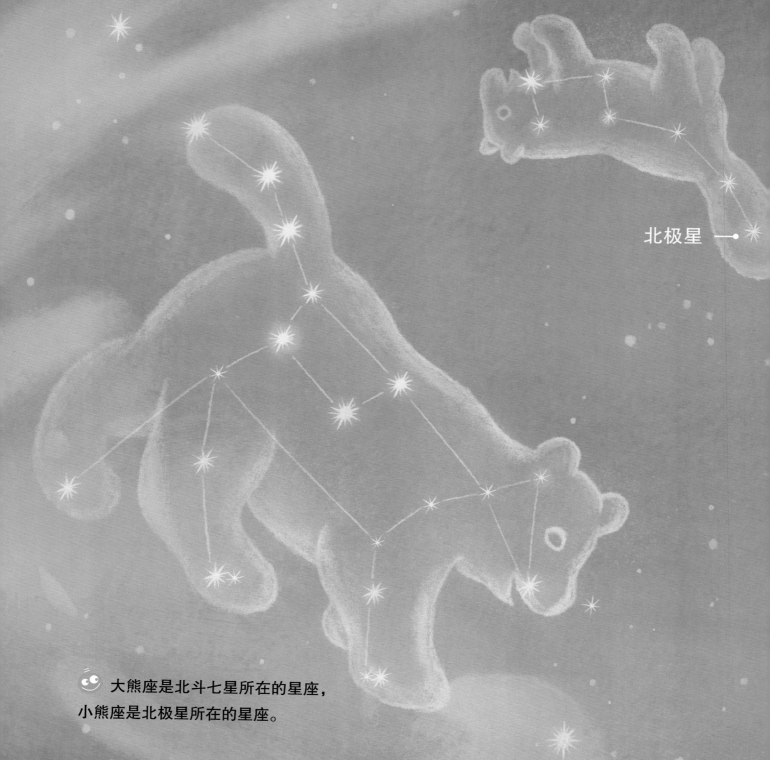

北极星 ⟶

大熊座是北斗七星所在的星座，
小熊座是北极星所在的星座。

"小星呀,北极星其实就是小熊座尾巴上的那颗星星。关于星座还流传着一个有趣的故事。你听过小熊座和大熊座的故事吗? 小熊座和大熊座其实是熊宝宝和熊妈妈的关系。"

"我知道! 妈妈以前每天晚上都会讲给我听。"

突然,小星的眼泪唰唰地流下来。

因为她又想起了妈妈。

"小星一定很想妈妈吧？爸爸也很想念妈妈。其实爸爸每天晚上也在找妈妈变成的那颗星星，但怎么也找不到。今天我们一定要找到那颗星星。"

爸爸轻轻擦去小星的泪水。

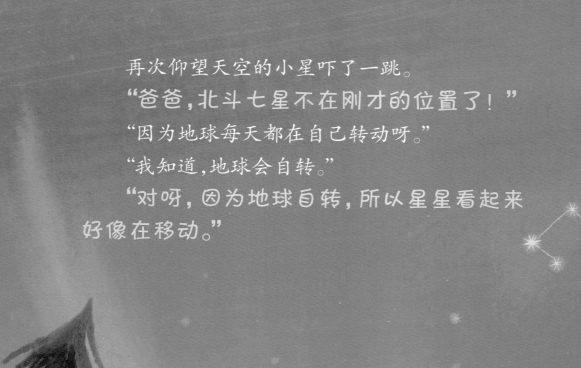

再次仰望天空的小星吓了一跳。

"爸爸,北斗七星不在刚才的位置了!"

"因为地球每天都在自己转动呀。"

"我知道,地球会自转。"

"对呀,因为地球自转,所以星星看起来好像在移动。"

"但是北极星还是在刚才的位置呀。"
小星怎么也想不明白。

　　"因为北极星位于地球地轴的北端，所以看起来好像总是在同一个位置上。"

　　从北半球看，星座围绕北极星，每天自东向西(顺时针)旋转一周。其实并不是星座在移动，而是地球以地轴(连接南、北极的轴)为中心，自西向东(逆时针方向)旋转，因此看上去好像是星座在移动。

北极星

地球地轴

25

就在此时，天空中突然划过一道光！
原来是流星拖着长长的尾巴落下了。
"小星，是流星！快许愿！"
小星连忙闭上眼睛，双手合十许了个愿望：
"流星先生，请让我看到妈妈变成的那颗星星吧！"

流星本是宇宙中细小的尘埃，当其接近地球，
被地球引力吸入大气层时，便会与空气摩擦，产生
光和热。

过了一会儿，小星睁开眼惊呼道："爸爸，快看，流星先生帮我实现了愿望！那边那颗比其他星星都耀眼的星星，让我感到很温暖，就像妈妈一样。那一定就是妈妈变成的星星。是妈妈变成的星星！"

　　小星脸上露出了灿烂的笑容。

在不同的季节,能看到哪些不同的星座呢?

没有日历的古人通过观察星座就可以判断季节。因为随着季节的更替,星座的位置也会改变。那就让我们一起来了解一下不同季节的代表性星座吧。

牧夫座

狮子座

处女座

北半球的春季星座

在北半球,春季可以看到的星座有狮子座、处女座、牧夫座。

这些星座包含的星星之中,例如牧夫座的大角星、处女座的角宿一、狮子座的五帝座一,它们都是各自星座中最亮的星。如果将这些星星连在一起就是一个三角形,所以它们也被叫作"春季大三角"。

北半球的夏季星座

在北半球,夏季可以看到的星座有天鹅座、天琴座、天鹰座。

把天鹅座的天津四、天琴座的织女星、天鹰座的牛郎星连接起来也是一个三角形,被称作"夏季大三角"。

天鹅座

天琴座

天鹰座

🔍 北半球的秋季星座

在北半球，秋季可以看到仙女座、飞马座、鲸鱼座。

秋季的亮星不如其他季节那样又多又明显，所以较难找到显眼的星座，但在天空正中央会看到一个巨大四边形，这是飞马座的身体，被称为"秋季四边形"。

仙女座

飞马座

鲸鱼座

双子座

猎户座

🔍 北半球的冬季星座

在北半球，冬季可以看到双子座、猎户座、大犬座、小犬座。

冬季夜空非常明亮，所以能看到很多耀眼的星星。把猎户座的参宿四、大犬座的天狼星、小犬座的南河三连起来是一个三角形，因此被称作"冬季大三角"。

小犬座

大犬座

为星座命名的托勒密

现在星座的名字大多是以古希腊天文学家托勒密整理的48个星座为基础而命名的。接下来让我们一起来读读托勒密的故事吧。

托勒密是古代的天文学家。

托勒密，你在干什么啊？

先别跟我说话。

11、12……都怪你，我都忘了数到哪了！

你在数星星吗？

托勒密对天上的星星很感兴趣。

把那边耀眼的星星连起来，看上去就像一只小熊，叫它什么好呢？

托勒密将整理的 48 个星座写在一本叫作《天文学大成》的书里，为众人所熟知。之后，人们在此基础上进行了增减，现在共有 88 个星座。

希腊神话中的星座

大熊座和小熊座有一个悲伤的故事。因为众神之王宙斯喜欢上了美丽的妖精卡利斯托，于是宙斯的妻子赫拉生气地把卡利斯托变成了熊。有一天，卡利斯托的儿子阿卡斯在树林里遇见了变成熊的母亲。卡利斯托看到儿子阿卡斯后高兴地跑了过去。但是阿卡斯没有认出母亲，所以向变成熊的母亲射了一箭。看到这一情景的宙斯勃然大怒，将卡利斯托变成了大熊座，将阿卡斯变成了小熊座。

用智能手机查看星座

现在，我们通常用望远镜观察星座。

在没有望远镜的时候，人们只能用肉眼观察星座。

而最近，用智能手机也可以看到星座了，因为人们已经开发出了把智能手机变成"天文台"的手机应用程序。如果你在观察星空时突然想知道星座的名字，只需运行手机里的应用程序，将智能手机对着夜空，便可以知道星座的详细信息。当然，这些都是得益于手机上的定位系统和指南针，所以我们现在通过手机应用程序不仅能明确星座的位置，甚至可以观测到肉眼难以看到的小星座。

试试看,画一个自己专属的星座吧!

你能自己在夜空中画出一个专属于你的闪亮星座吗?请在夜空中画出你想要的星座,并为它起一个名字。

这个星座的名字是 ⬚⬚⬚⬚⬚⬚⬚⬚ 座。

蝴蝶

爸爸，妈妈变成的星星在那里！

北斗七星，仙后座，小熊座……天空中有很多星座。

36

可怕的
黑色脚印

[韩]徐志原/编　　[韩]吴振旭/绘　　张坤/译

江西教育出版社
JIANGXI EDUCATION PUBLISHING HOUSE
·南昌·

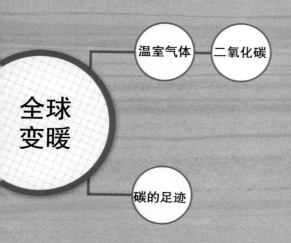

全球
变暖

温室气体 — 二氧化碳

碳的足迹

一定要让地球
变得很热！

我真的很怕热。

只要天气稍微热一点，我就会打开空调，降低室温。

这时，我看到了沙发上放着的北极熊娃娃，心想：北极熊住在寒冷的北极，那里一定很凉爽吧？真羡慕它们呀。

5

开着空调，家里凉飕飕的。

"阿嚏！"躺在沙发上睡午觉的我，打了一个喷嚏。

突然听到沙沙的脚步声，我睁开眼睛一看，咦，这是什么地方呀？

地面像波浪一样起伏，上面还有许多黑脚印，就像印章盖在地上一样。

当我环顾四周的黑脚印时，突然有个黑影跳到我面前，吓了我一跳。虽然心脏扑通扑通地跳，但我还是鼓起勇气问："你，你是谁呀？"

"我是温室气体，为了让地球变热才来的！"温室气体邪恶地笑着说，然后留下一串黑脚印就消失了。

温室气体是指导致地球变暖的气体，主要有二氧化碳、甲烷、氟利昂、臭氧等。

"温室气体去哪了？"

我忙追着地面上的黑脚印往前走，却发现黑脚印居然连接着天空。

"看来温室气体跑到天上去了！"

此时，我的身体忽然像羽毛般飘了起来。

不知过了多长时间，我竟然飞到了云朵上。

我在云朵上看见了温室气体。

然后我趴在云朵上向下看，房子、车、马路都变得像蚂蚁一样小。

我兴致勃勃地看着云彩下面。

"其他的温室气体不会也跑到天上来了吧？"

11

　　我害怕得连连倒退，一个跟头从云朵上栽下来。

　　"哎呀！"

　　虽然我掉了下来，但没受伤，还感觉到一阵柔软。

　　原来是巨大的北极熊接住了我。

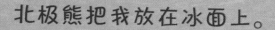

北极熊把我放在冰面上。

"哎，幸好没事。"我长舒一口气。

"但这里也很危险呀，不知道什么时候冰就融化了，我们还是赶紧逃到别的地方去吧。"北极熊说。

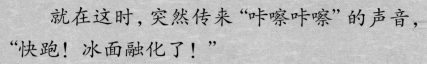

就在这时，突然传来"咔嚓咔嚓"的声音，
"快跑！冰面融化了！"

我们脚下的冰面因融化而裂开了。

"哎呀，这是怎么回事呀？"

"因为温室气体，冰川正在融化。"北极熊
背着我，逃到了更大更硬的冰面上。

"这里暂时还算安全，但这块冰迟早也会因为温室气体而融化的。"

"为什么温室气体能让冰融化呢？"

"因为温室气体会阻止地球的热量向外排放，所以地球气温会逐渐升高，冰块就融化了。"

全球变暖是指地球的平均气温升高的现象。照射到地球的太阳光在将热量传到地面时，地面会将一部分热量重新反射回空气中。但空气中增多的温室气体就像一层温室玻璃，阻止了地面热量的散发，所以地球的气温就变得越来越高。

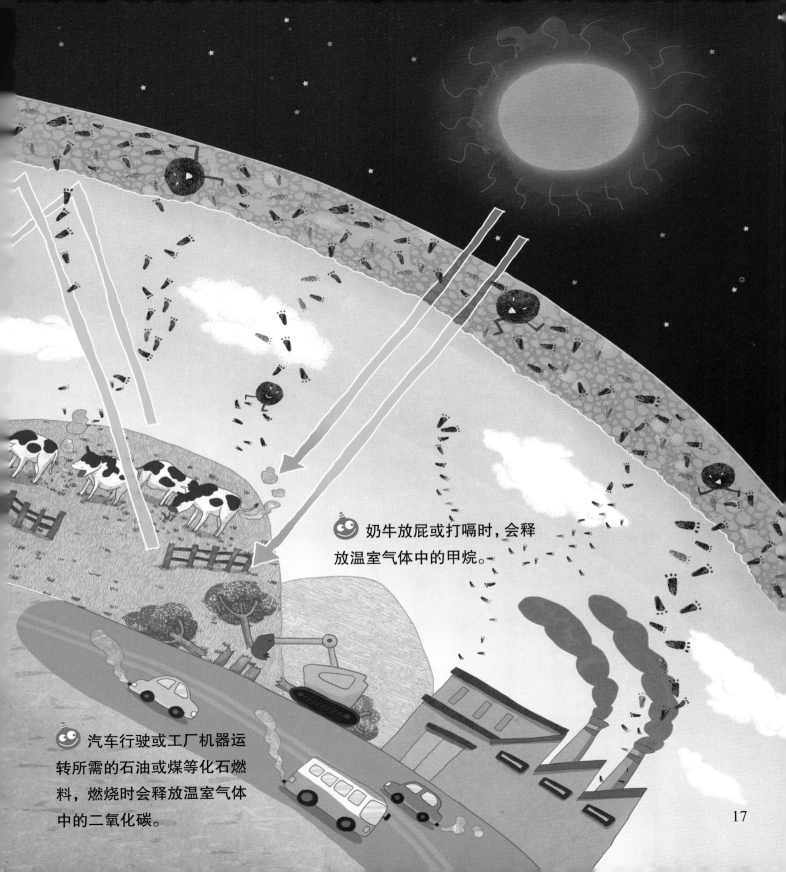

奶牛放屁或打嗝时, 会释放温室气体中的甲烷。

汽车行驶或工厂机器运转所需的石油或煤等化石燃料, 燃烧时会释放温室气体中的二氧化碳。

17

"如果地球气温一直这样升高，天气就会变得更加炎热，土地会干燥，那么生长在那里的植物就会死掉。"

"北极和南极的冰川也会逐渐融化，导致海平面升高，土地被淹没。"

"如果我们生活的土地不断减少，我们会怎样呢？"

"人类就会像我们北极熊一样，失去生存的家园。"

北极熊是生活在北极的代表性动物，它喜欢围着大海上的浮冰游来游去，以海豹、鱼等为食。随着全球变暖加剧，北极熊的食物骤减，再加上冰川融化使它的居住空间急剧减少，现在的北极熊濒临灭绝。

开空调，不但耗电，而且会增加温室气体的排放。因为发电厂发电需要用到化石燃料。

工厂制造东西的时候也要用到化石燃料。

埋在地下的生物遗骸，长期受高温、高压的作用，经过一系列复杂的化学变化会形成煤、石油、天然气等化石燃料。

"温室气体真可恶！怎样才能消灭温室气体呢？"

这时不知从哪儿冒出来的温室气体，包围了我和北极熊。

"哼！就你，还想消灭我们？门都没有！把我们变出来的就是你们人类！就是你们！"

我惊讶地问温室气体："你们说什么，是人类变出了你们？"

你乘坐的汽车，使用化石燃料吧。只要使用了化石燃料，我们的数量就会增加！

温室气体嘲笑了我一番，突然消失了。

我和北极熊脚下的冰面开始融化了。

我对北极熊说："这里太危险了，你还是跟我回家吧。"

可北极熊却摇摇头说："可是，如果离开这里，我就活不下去了呀。"

"那我怎样才能帮到你呢？"

北极熊告诉了我帮助它的办法：不用的家电最好拔掉插头；尽量少看电视，用风扇代替空调；如果路途不远，最好骑自行车。虽然这样也不能完全消灭温室气体，但至少可以减少它们的数量。

"这样真的能减少温室气体吗？"
"是的。另外，还需要多种点树，
因为温室气体最讨厌森林了。"

全球变暖的最大诱因就是使用化石燃料，这导致二氧化碳的排放量增加。二氧化碳是温室气体中占比最大的一种气体，因为树木在进行光合作用时会吸收二氧化碳，所以多种树可以减少温室气体。

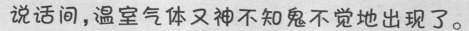

说话间，温室气体又神不知鬼不觉地出现了。

我和北极熊为了躲开温室气体而拼命奔跑，不料冰面"咔嚓"一声碎了，跑在我身后的北极熊掉进了海里。

"别停，继续跑！"北极熊对我喊道。

不知过了多久。我只记得我跑着跑着，就累得扑通一下摔倒了，然后晕了过去。

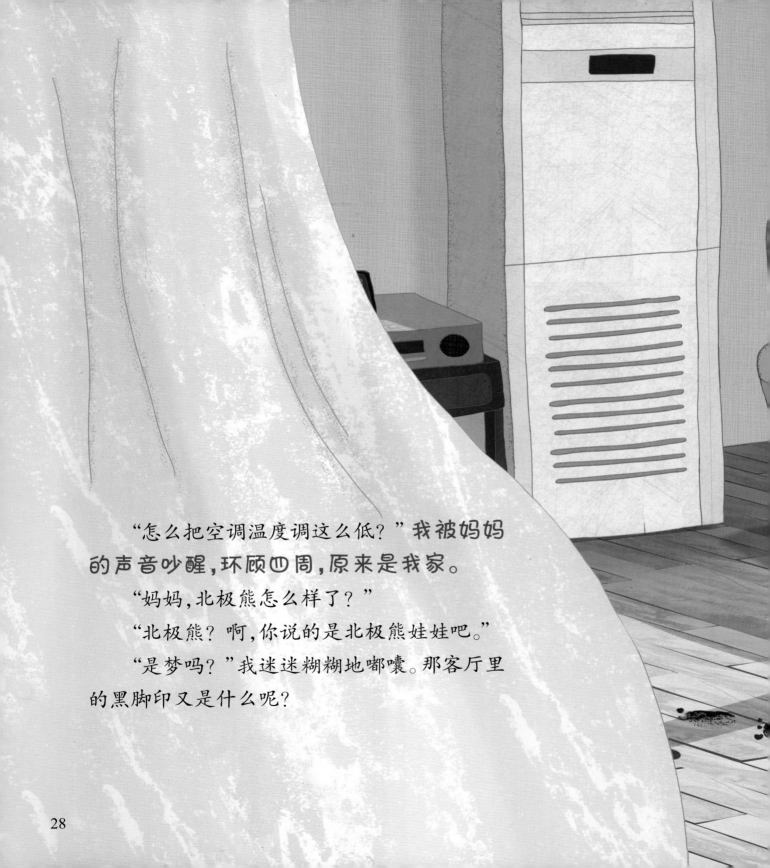

　　"怎么把空调温度调这么低？"我被妈妈的声音吵醒，环顾四周，原来是我家。

　　"妈妈，北极熊怎么样了？"

　　"北极熊？啊，你说的是北极熊娃娃吧。"

　　"是梦吗？"我迷迷糊糊地嘟囔。那客厅里的黑脚印又是什么呢？

我赶紧关掉空调，然后把不用的家电插头也一股脑儿地全部拔掉了。因为这样就可以减少温室气体的排放，从而帮助到北极熊。

29

地球在逐渐升温

随着地球气温逐渐升高,北极的冰层逐渐融化,北极熊的生存空间也在逐渐减少。

如果全球变暖持续发展下去,那么其他生物也将渐渐失去生存空间。

全球变暖

全球变暖指的是地球平均气温不断上升的现象。

全球变暖会引发很多问题:洪水、干旱等自然灾害频发;冰川融化,海平面升高,淹没更多的土地。

碳足迹

碳足迹表示一个人或团体的"碳耗用量"。它能让我们了解企业机构或个人等,在日常生产生活中温室气体的排放情况。我们可以通过植树等行为,对自己产生的碳足迹做一定程度的补偿。

 ## 温室气体

全球变暖是由温室气体引起的。空气中过多的温室气体像玻璃温室一样笼罩着地球，使热量无法散发，所以地球的气温会逐渐升高。温室气体主要包含二氧化碳、甲烷、氟利昂、臭氧等，其中二氧化碳占比最大。因此二氧化碳的排放是导致全球变暖的主要因素。

全球变暖的"主犯"——食草动物

牛和山羊等食草动物打嗝和放屁也会导致全球变暖，因为它们在打嗝和放屁时会产生温室气体中的甲烷。

 ## 日常生活与温室气体

开灯，乘坐电梯，使用电脑、空调、冰箱、电视等家电，都会导致温室气体排放。因为它们都需要用电，而发电厂发电则需要使用煤或石油等化石燃料。

31

查里斯·大卫·基林的基林曲线

为什么测量大气中二氧化碳的含量十分重要？因为它能帮助人们了解地球变暖的程度。让我们来看一下基林是如何通过基林曲线向人们传达全球变暖的危害的。

查里斯·大卫·基林每天都会在美国夏威夷岛的莫纳克亚天文台测量大气中二氧化碳的浓度，并画成曲线图。

博士，为什么每天都要用曲线图记录大气中二氧化碳的浓度呢？

这不是简单的曲线图，而是能拯救地球的曲线图。

你来看一下这个曲线图从最初到现在有什么样的变化。

图中曲线的坡度越来越陡。

但是这个跟拯救地球有什么关系呢？

19世纪末，有科学家在计算冰川融化速度时，发现大气中二氧化碳的浓度每增加2倍，气温就会上升5～6摄氏度。

二氧化碳 浓度
增加 **2** 倍
温度升高
5～6摄氏度

你知道这意味着什么吗？

是指二氧化碳浓度越高，地球就会越热。

没错，就是这个意思！那全球变暖的话，会发生什么事呢？

全球变暖会导致冰川融化。

冰川融化，海平面就会上升，陆地就会被淹没。

那样的话，人类和动植物将很难生存。

从曲线图可以看出，只有不断减少二氧化碳的排放，才能拯救地球。

　　人们为了纪念基林记录了大气中二氧化碳浓度的变化，将这个曲线图命名为"基林曲线"。从1958年到2005年，基林从未间断过勾画基林曲线。正是他的努力才让人们了解了全球变暖的危害。

基林曲线是20世纪重要的气候变化标志图。

基林是发现大自然的季节性"呼吸"的人！

令地球生病的食物——汉堡

汉堡是极具代表性的快餐食品。其实,汉堡也是让地球生病的食物,"罪魁祸首"就是汉堡中的肉。像牛、羊这样的食草动物在消化时会产生温室气体甲烷。供应商为了得到更多的肉类,只能养殖更多的家畜,导致甲烷的排放量增加。而加工汉堡又会产生大量二氧化碳,最终导致全球变暖加剧。

因全球变暖而被淹的岛屿——图瓦卢

图瓦卢位于南太平洋,是由9个环形珊瑚岛群组成的岛国。面积虽小,但它却是一个拥有蔚蓝大海和椰子树的美丽国家。不过随着海平面的上升,图瓦卢正逐渐被海水淹没,甚至已经有几个小岛被淹没了。失去居住地的图瓦卢人只能迁往另一个国家。随着全球变暖,冰川开始融化,海平面不断上升。如果全球变暖持续下去,不仅是图瓦卢,将会有越来越多的陆地消失不见。

帮帮北极熊

我们一定要减少温室气体的排放,帮北极熊保护家园。让我们来找一下减少温室气体排放的方法吧。正确请选"○",错误请选"×",全部答对的话,就能去北极熊家做客了哟。

只要稍微热一点,
就立马开空调。

路途很近,
也要开车。

多种树。

35

帮帮北极熊

我们一定要减少温室气体的排放，帮北极熊保护家园。让我们来找
一下减少温室气体排放的方法吧。正确请选"○"，错误请选"×"，全部
答对的话，就能去北极熊家做客了哟。

只要稍微热一点，
就立马开空调。

路途很近，
也要开车。

多种树。

35

不用的家电
最好拔掉插头。

对！我还要种
很多很多树！

吝啬鬼和空气"幽灵"们

[韩]金美爱/编　　[韩]吴振旭/绘　　王军/译

江西教育出版社
JIANGXI EDUCATION PUBLISHING HOUSE
·南昌·

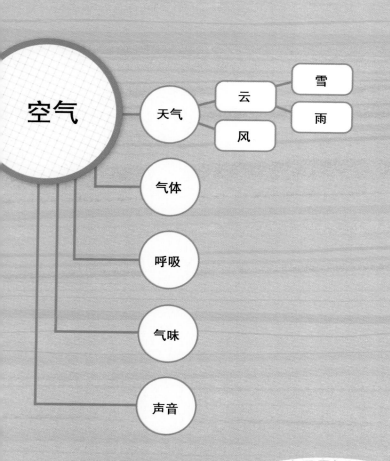

"阿嚏!"吝啬鬼从保险箱里取钱时打了个喷嚏,"这鬼天气。你以为这样就能让我生炉子吗?"

吝啬鬼哈着气开始数钱。

可是他的手指冻僵了,钱老是掉到地上。

"哎哟,我的钱!再这样下去,我的钱也要结冰了。"

无奈之下,吝啬鬼只好点燃了壁炉。

"唉,太可惜了。竟然用了我三块木头。嗯,既然生起火了,那就烤点地瓜吧。"

吝啬鬼就着炉火烤起了地瓜。

"一，二，三……"吝啬鬼又开始数钱了。这时，他听到烟囱那头传来吸鼻子的"咻咻"声。

吝啬鬼往窗外一看，原来是刚刚清扫完烟囱的清洁工，正把鼻子贴在烟囱上闻香味呢。

"啊，好暖和，烤地瓜的味道真香。"烟囱清洁工说。

听到这话，吝啬鬼气得大声叫嚷："什么？你不仅蹭我家的暖气，还要闻我家烤地瓜的味儿！那你得交费。"

空气受热后会上升，在壁炉上方安装烟囱，可以让烟随着热气通过烟囱排出去。

"什么？大人，还得交费？是地瓜味自己随着热气冒出了烟囱，我只是吸了一口气，香味就顺着空气钻进了我的鼻子。我总不能不呼吸吧？"清洁工争辩着。

　　"哼！那就憋着气呗。反正今天你没工钱。"吝啬鬼一分钱也没给烟囱清洁工。

第二天晚上，一场突如其来的大雪堵住了吝啬鬼的店门。

　　吝啬鬼叫人来扫雪。

　　但没过多久，又下起了鹅毛大雪。

　　"让你扫雪，为什么还是老样子？ 难道你想不劳而获？"吝啬鬼不怀好意地说。

　　"我刚扫完雪就又下雪了，这才又堵住了店门。"

　　扫雪工话音刚落，吝啬鬼气得火冒三丈，大声叫道："别找借口，别让我的门口有积雪！"

扫雪工又扫了会儿雪，进来跟吝啬鬼说："雪一直在下，怎么扫也扫不完。"

　　"那就让雪别下了呗。"

　　"可空气中的水蒸气和热空气一起上升，就会形成云，云又能形成雨和雪呀。我能怎么办？"

　　"我不管。反正在雪被清除干净之前，你甭想进来。"吝啬鬼把扫雪工赶走，"哐"的一声关上了门。

　　扫雪工在店门口冻得瑟瑟发抖，却只能继续扫雪。

升到上方的水蒸气
和冷空气相遇,凝结成小水滴或
小冰晶,飘在空中形成了云。

空气中的水蒸气和
热空气一起上升。

云中的水滴或冰晶逐渐聚集变大,
当达到一定重量时,就会落下来变成雨。
天气变冷,就会形成雪。

吝啬鬼在店里踱来踱去地抱怨道："怎么没有顾客呢？是天太冷了吗？"

　　吝啬鬼打开门四处张望。就在这时，"嗖"的一声，一架纸飞机随风飞进了吝啬鬼的店里。

　　"顾客没来，倒来了这个玩意儿。"吝啬鬼瞅着纸飞机嘟囔着。

过了一会儿，一个小男孩跑进店里。

"爷爷，您好。您有没有看见我的纸飞机呀？"

"没有。纸飞机是你扔到我店里的，那就是我的了。"

"不是我扔的，是风把它吹进来的。空气流动能形成风，所以是空气让我的纸飞机飞到您店里的。"

"那你就等着空气再把纸飞机送走吧。"

吝啬鬼赶走了男孩，嘴里嘟囔着："昨天和今天的事都是空气惹的祸。要是这没用的空气赶紧消失就好了。"

空气是透明的，虽然肉眼看不见，但它无处不在。

空气流动便成了风。刮风时，物体会动起来，通过物体的移动可以感受到空气的存在。

那天晚上,吝啬鬼突然从睡梦中惊醒,感觉有人在他身边。
"谁,谁呀? 快出来!"
"我是可以让你呼吸的空气,是一个虽然无处不在,但人们却都看不到我的透明'幽灵'。我带你去个地方。"

“你要带我去哪儿？不，我不去！”吝啬鬼惊恐万分，哆嗦着钻到被子里藏了起来。

透明“幽灵”抓起吝啬鬼，带他来到了一个地方。

空气虽然看不见、摸不着，但是有重量。比较一下一个充了一点空气的气球和充满空气的气球的重量，你会发现空气多的气球更重。

透明"幽灵"带吝啬鬼来的地方正在举行宴会。

餐桌上摆满了烤火鸡、蘑菇汤、油炸虾等丰盛的食物，散发着诱人的香味。

"哇，这味道闻起来好极了。"吝啬鬼贪婪地嗅着美食的香味。

"等一下，大人，你闻了我家美食的味道，可得付钱啊。"

烟囱清洁工跟吝啬鬼理论起来。

原来，透明"幽灵"带吝啬鬼来的正是烟囱清洁工的家。

"钱？让我付钱？哼，休想。你不是说呼吸时，味道会自己钻到鼻子里吗？"

"好吧，如果不愿意付钱，就请屏住呼吸。"

烟囱清洁工话音刚落，吝啬鬼就无法呼吸了。

"呃，呼哧呼哧……"

吝啬鬼挣扎着从梦中醒来，说道："哎哟，原来是个梦。"

他擦了擦冷汗，准备继续睡觉。

"吧嗒，吧嗒"，有什么凉凉的东西掉在他的脸上。

吝啬鬼吓了一跳，倏地坐起来。

"我是空气形成的云朵'幽灵'，跟我来。"

云朵"幽灵"不由分说地带吝啬鬼来到庭院里。

宽阔的庭院里，扫雪工正等着吝啬鬼。

"把从这儿到那儿的雪，全都打扫干净，明白吗？"扫雪工不怀好意地说。

吝啬鬼非常生气，但还是忍着不敢发火。因为云朵"幽灵"正站在扫雪工的身后。

21

"哼，扫雪算什么！"吝啬鬼开始打扫堆满雪的院子。

但天气变化无常，时而大雨瓢泼，时而大雪纷飞。

"别偷懒，快点打扫。我的院子乱七八糟的。"吝啬鬼只是抬头看了看天，扫雪工就大声呵斥。

"我都扫过了，这不又下了嘛。这不是我的错……"吝啬鬼带着哭腔回答。

23

"不，不是我的错！"吝啬鬼挥舞着胳膊从梦中醒来，"哎哟，又是个梦。"
　　吝啬鬼实在太累了，立马又睡着了。
　　不过他很快就被凛冽的寒风吵醒了。
　　"我是空气形成的风'幽灵'。跟我走吧，没时间了。"
　　"不，我不去。"吝啬鬼挣扎着。
　　但风"幽灵"不由分说地卷起吝啬鬼来到了他的商店。

狂风把商店吹得摇摇晃晃。

哐当，商店的门开了，当啷，保险箱的门也开了。

吝啬鬼的钱呼啦呼啦都飞到了门外，飞到了小男孩的家里。

"不行，那是我的钱。别动它们。"吝啬鬼一边哭喊，一边去追他的钱。

"飞到我家的钱，就是我的。"小男孩把钱折成纸飞机，开心地在雪地里边跑边喊。

吝啬鬼十分恼火，四处追赶他的钱。

"哎呀，我的钱，我的钱！空气这个鬼东西赶紧消失吧。"

"啧啧，还没清醒呢。希望空气消失？那就如你所愿，让空气消失吧。"风"幽灵"说。

话音刚落，包围着地球的空气开始消失。

吝啬鬼立马呼吸困难，晕倒在地。

"呃，我错了。我再也不这样了。"他艰难地说道。

包围着地球的空气层称为大气。有了大气，地球上的万物才有生命。大气能阻隔阳光中的紫外线照射到地球，也能阻挡宇宙中飘浮的石子和灰尘落到地表。

27

次日早晨，吝啬鬼从梦中醒来。

"哇，我可以呼吸了。哎哟，真是太幸运了。"

吝啬鬼去商店把地瓜放在炉火上烤，伸出头向窗外张望。

"啊，刚才我把雪扫得干干净净，真的！"扫雪工小心翼翼地说。

"味道飘到这儿，我也是不自觉闻到的。"路过这儿的烟囱清洁工也小心谨慎地说。

"呵呵，没关系。都是空气干的好事。大家都进来休息一下，吃个烤地瓜吧。"吝啬鬼和扫雪工、烟囱清洁工一起吃起了烤地瓜。

之后，吝啬鬼悄悄地把纸飞机放飞到窗外。

哇，我的纸飞机！谢谢！

29

空气有什么作用呢？

空气看不见，闻不到，也摸不着，但它一直在我们身边做着很多事情。

空气能影响天气

雨、雪、云之类的天气现象深受空气的影响。

空气中的水蒸气和热空气一起上升，遇到冷空气，便形成云。云量的多少决定天气晴朗与否。

云又可以形成雨和雪。

空气运动产生风

热空气轻，上升；冷空气重，下降。

热空气上升后，冷空气随即补充，空气运动形成风。

呼吸离不开空气

吸气时，空气进入我们的身体；呼气时，空气被排出体外。

地球上，万物的生存离不开空气。

30

包围着地球的空气

有大气的空间称为"大气圈",按大气温度随高度分布的特征,将大气圈分成若干层次。

流星

气温随高度的增加而上升,这里是离太阳最近的热层。

气温随高度的增加而降低,这里是中间层。

气温随高度的增加而上升,这里是平流层。

热气球

这里是吸收太阳的紫外线,保护地球万物的臭氧层。

飞机

这里是气温随高度的增加而降低,产生空气对流现象,发生天气变化的对流层。

高度(千米) 100

90

80

70

60

50

40

30

20

10

空气可以传播味道

味道随着空气可以飘到很远的地方。呼吸时,混合着味道的空气进入鼻腔,我们就能闻到味道了。

空气可以传播声音

物体振动时,周围的空气也一起振动,空气振动传到耳朵里,我们就能听见声音了。

31

飞到高空的格莱夏尔

大气是围绕着地球的空气。读下面大气学家格莱夏尔的故事,了解一下对流层的特征。格莱夏尔曾飞到地球上空近 10 千米的地方。

32

升到高空的热气球遭遇了恶劣天气,被卷入了暴风雨中。

电闪雷鸣!

小心!

热气球成功突围,升到了更高的大气层中。

气温持续下降,太冷了。

零下20摄氏度

鸽子不断死去。

打不开阀门了。

又冷,又呼吸困难。

两人想下去,但燃气阀门缠在绳子上解不开,热气球继续升到了地球上空近10千米的地方。

好不容易解开绳子,打开阀门,减少燃气,热气球开始慢慢下降。

哇,活过来了。

得记录下这个情况。

两人冒着生命的危险进行的这次挑战,让人们认识到高度越高,气温越低,空气越稀薄。

排出空气的技术——真空

食物接触到空气中的微生物，就很容易变质。因此人们发明了排出空气的真空包装。

像这样没有空气或其他物质的空间称为真空。有了真空包装容器，食物可以保存很长时间。

生活中对空气的应用——轮胎

空气在生活中应用广泛，汽车或自行车的轮胎便是很好的例子。

轮胎用橡胶制成，在中间充入气体后，当汽车或自行车行驶在崎岖不平的路上时，轮胎的橡胶可以减震。

当轮胎的气充足时，轮胎跟地面接触的面积小，产生的摩擦力小，车辆可以行驶得很快。

当轮胎气不足时，轮胎跟地面接触的面积增大，产生的摩擦力大，车辆就不能顺利前进。

所以当轮胎气不足时，要及时充气。

关于空气的故事

人们告诉吝啬鬼关于空气的故事。请用下列单词填空。

选项： 大气　上　风

空气受热后，会往 ⬚ 升。

空气的运动形成 ⬚

包围着地球的空气被称为 ⬚

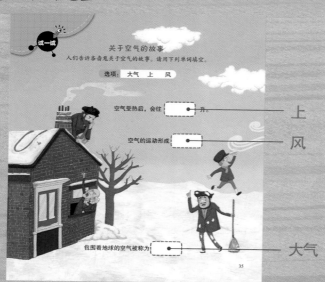

上

风

大气

啊，是我错了，有空气真是万幸啊。

小*王子，
每个季节都来玩吧！

[韩]瑞云/编　　[韩]金善真/绘　　边裕涵/译

江西教育出版社
JIANGXI EDUCATION PUBLISHING HOUSE
·南昌·

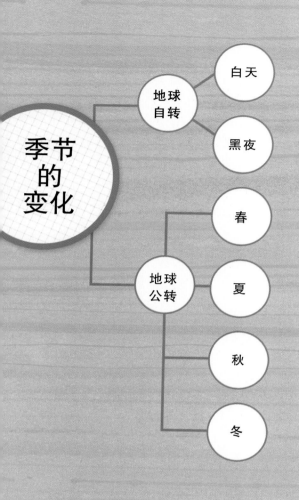

季节
的
变化

地球
自转

白天

黑夜

地球
公转

春

夏

秋

冬

天王星

金星

火星

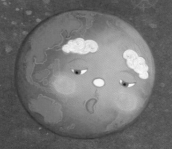

地球

海王星

土星

水星

宇宙是一个安静的地方。

太阳在无声地燃烧,发出光芒,其他行星也在默默地做自己的事情。

要是有人来找我聊聊天该多好呀。

木星

5

"蓝星星啊,蓝星星。"

有一天有人这样叫我。

有个男孩看着我微微一笑。

"你好! 我是来自 B-612 星的小王子。你叫什么名字?"

"我叫地球。因为不能自己发光,所以我不是恒星。我是绕着太阳转的行星。"

"终于找到你了。地球啊,你几岁了?"

我回答我 46 亿岁了,小王子惊讶地张大了嘴。

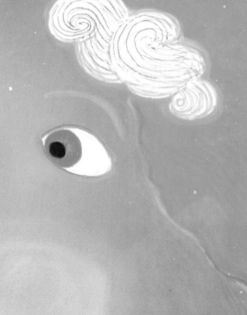

恒星是像太阳一样,能自己发光、发热的星体。

行星通常指自己不能发光,绕恒星转的天体。

小王子说他是从一个很遥远的星球过来的。

生活在某个星球上的地理学家告诉了他我的故事。

"地球，你愿意和我一起玩吗？"

我不能和小王子一起玩。

因为无论发生什么事，我每天都要自转一圈。

除此之外，我还要绕太阳公转。

要想在一年之内绕太阳公转一圈，我一天也不能休息。

一边自己转，一边绕太阳转，我每天都忙不停。

"地球，你愿意和我一起玩吗？"

"我很忙。"

小王子看着自转的我。

听到我说很忙,他好像生气了。

小王子又对我说:"地球,你别一直转了,看看我吧。"

"小王子,我也想和你玩,但是我只有每天转一圈,才会有白天和黑夜啊。因为我的自转,面向太阳的一面才会成为明亮的白天,背对太阳的一面才会成为漆黑的夜晚。"

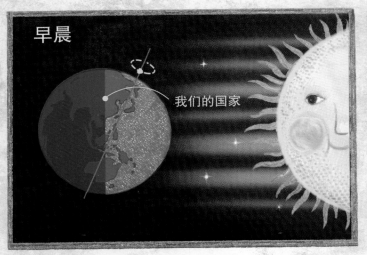

早晨

我们的国家

正午

我们的国家

随着地球绕着太阳自西向东地自转,我们国家的太阳会从东方升起,这时就是早晨。

当我们的国家正对太阳,太阳升到头顶时,就是正午。

"看你一直转,我都有点头晕了。你不能休息一会儿再转吗?"小王子有点生气地说道。

傍晚

当我们的国家刚要背对太阳时，太阳会从西边落下。这时就是傍晚。

夜晚

我们的国家

当我们的国家完全背对太阳时，就是漆黑的夜晚。

"因为我不停地转，太阳才会照射到不同的地方，早上太阳升起，白天一片明亮，傍晚太阳落下，夜晚一片漆黑。如果我不转动，面向太阳的一面就会一直是明亮的白天，背对太阳的一面就会一直是漆黑的夜晚。"

🌀 地球自转一周所需要的时间是 1 天（24 小时）。

小王子这才点点头,说自己已经理解了自转的意思。
还说自己觉得寂寞的时候,也常常看太阳下山。
"地球啊,你为什么总是倾斜着呢?"
我很吃惊小王子会这样问,因为从来没有人问过我这个问题。
我很久很久以前就倾斜了。难道是和哪颗行星撞击造成的?

时间过去太久了，我也记不太清了。
不是说过我已经46亿岁了嘛。

我们国家的夏季，
白天很长，太阳光直射
北半球。

太阳光炙烤地面，
气温就升高了。

春

夏

秋

小王子忧心忡忡地问："地球啊，你斜着转不累吗？"
我很感激小王子担心我。
"没关系啊，小王子。我斜着转季节才会发生变化。"

冬

我们国家的冬季，白天很短，太阳光从南面斜着照射过来。

太阳光炙烤地面的时间变短，气温就降低了。

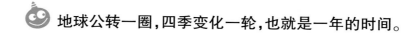 地球公转一圈，四季变化一轮，也就是一年的时间。

17

夏

太阳直射北半球时，我们国家炎热的夏季就到了。

南半球

北半球

冬

"太阳虽然把光均匀地射向我，但因为我是斜着身子绕太阳旋转的，所以不同的位置被太阳光照射的时间也是不同的。在不考虑其他因素的前提下，气温的高低取决于日照时间的长短。"

当太阳光从南面斜射到北半球上，这时我们的国家是寒冷的冬季。

冬

南半球　　北半球

夏

被太阳光直射的地方，日照时间很长，能获得大量阳光，便成为炎热的夏天。

被太阳光斜射的地方，日照时间很短，只能获得少量阳光，便成为寒冷的冬天。

19

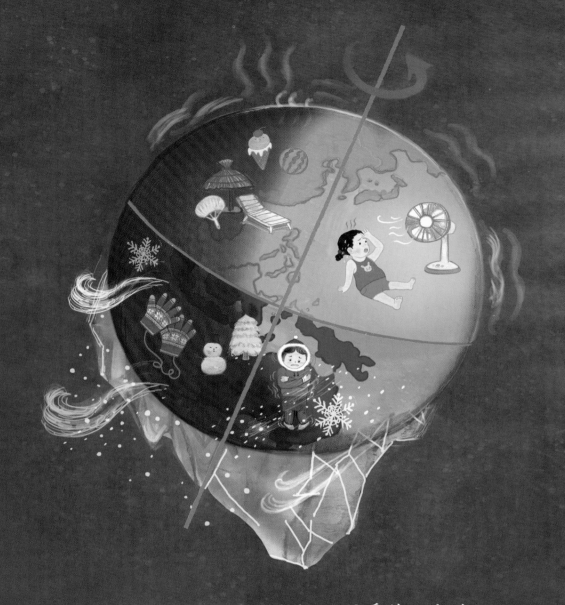

　　小王子这才点点头，说道："是啊，如果季节不变的话，会很单调的。"

　　不一会儿，他又笑着问道："地球啊，如果你停止绕太阳转圈会怎么样？"

"哎呀，那可不行。正是因为我围着太阳转，才会有季节的变化。如果停止公转，就算我斜着身子，也只会有白天和黑夜之分，而不会有季节变化了。"

21

水星

地球

金星

火星

小王子环视了一下周围的行星，问道："那么，这里的行星都有季节变化吗？"

"既有季节发生变化的行星，也有不发生变化的行星。"我回答他。

听了我的话，小王子又问道："那些行星上有花吗？"

"没有。在那些行星上，植物和动物都无法存活。据说，只有在地球上，动植物才能存活。"我继续回答他。

听了我的话，小王子笑着说："哇，地球，你真的好特别。地球，很高兴见到你。"

在太阳系的行星中，火星是有季节变化的。因为它与地球相似，可以在自转轴倾斜的情况下公转，而且它还有大气层。

23

　　小王子似乎要离开我了。

　　不行，好不容易有了个可以聊天的小伙伴，我还有好多话要说呢。

　　我想留住小王子，于是我对他说："小王子，我再告诉你一个小秘密。"

　　小王子听后眨了眨眼睛。

　　我继续兴奋地说道："我的身体上住着很多很多的人，其中有很多和你同龄的小朋友。每个季节里，小朋友们都玩得很开心。"

北极

赤道

北半球

南半球

南极

赤道将地球分为北半球和南半球。

北半球和南半球的季节正好相反。当我们国家是夏季时，位于南半球的澳大利亚就是冬季。

　　小王子激动地问道:"地球,我该去哪里找小朋友玩?"

　　我得意洋洋地说:"南极和北极几乎没有人居住, 因为那里一年中大部分的日子都很冷。而靠近赤道的地方又总是很热。还有……"

　　我仔细思考着,突然想到了中国。于是,我说道:"中国地大物博,气候多样。那儿有数不尽的名山大川、江河湖泊,还有 56 个民族的小朋友们和你一起做游戏。"

　　小王子像下定了什么决心一样说道："地球啊，那我就去那儿吧。"

　　小王子，我祝你旅行愉快。

　　小王子也挥手道别。

　　希望小王子能在那儿玩得开心，然后再回来陪我聊天。

　　或许还会有其他人跟我聊天吧……

季节变化的原因

我国有春、夏、秋、冬四个季节。因为地球在地轴倾斜的情况下公转，才产生了四季的变化。让我们来详细地了解一下四季变化的原因吧。

👁 地球自转

地球以地轴为中心，每天自转一圈，叫作地球自转。

地球的地轴

地轴是连接地球北极和南极的假想轴。它的倾斜角度为 23.5 度。

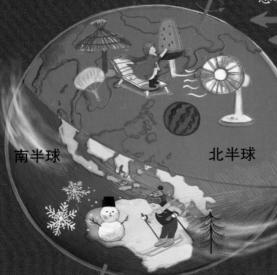

南半球　　　北半球

🌙 北半球的夏天

一天中太阳升至正南方位时，其入射方向与地平面之间的夹角叫作"正午太阳高度角"。太阳高度角越大，太阳辐射越强。当太阳直射北回归线时，北回归线上的太阳高度角为 90 度，此时光照充足，气温升高，北半球处于夏季。

东
北　　　　　南
西

🔍 地球公转

地球一年绕着太阳旋转一圈，这就是地球的公转。

太阳高度角

太阳高度角就是太阳光的入射方向和地表形成的夹角。太阳高度角越大，气温越高，太阳高度角越小，气温就越低。

南半球

北半球

东

北

南

西

🔍 北半球的冬天

冬天，正午太阳高度角很小，所以白天很短，光照不足，气温降低。

31

发明日晷的蒋英实

仰釜日晷利用随着时刻和季节的变化，日影也不断变化的原理制成。下面我们一起看一下发明日晷的科学家蒋英实的故事吧。

传闻蒋英实才艺高明，擅长制作和修理物品。

英实，你帮我修一下这个。

太宗听到传闻，将蒋英实宣召入宫。

听说你很有才，以后就在宫中做事吧。

草民领旨。

继太宗之后，世宗把蒋英实和其他几位科学家送到了科学技术发达的中国留学。

真了不起啊。如果朝鲜也有这样的科学机构的话……

回到朝鲜后的蒋英实摆脱了奴隶身份，成为宫中的技术人员，开始与世宗及其他科学家们一起制作日晷。

日晷不仅能让百姓知道时间，还能让他们了解节气，以便耕种。

如果把阴影移动的位置绘成刻度来标记时刻,那用什么来表示节气呢?

炎热的夏至白天最长,影子最短;寒冷的冬至,白天最短,影子最长。那么用线来标记阴影的长度如何?

夏天
(夏至)

冬天
(冬至)

最后,蒋英实终于制作出了仰釜日晷。

读一读针影所指的刻度。

横线和竖线分别代表节气和时刻。针影指向的刻度就是时刻。

现在指向未时。

世宗将仰釜日晷放置在惠政桥和宗庙前,让百姓们看时间。

现在几时啊?

来这看看针影就知道时间了。

33

一起了解与季节变化有关的其他领域的知识吧.

随季节变化的节气

今天,我们把季节分为春、夏、秋、冬四季。但我们的祖先根据太阳的位置,将一年分为二十四节气。二十四节气对农活帮助很大,特别是农耕开始后,在繁忙的春夏季节,有很多重要的节气。立春预示着春季的开始,谷雨时要播种,小满时准备插秧等等,知晓节气才不会错过耕种的时机。通过节气还可以知道昼夜的长短。春季的春分和秋季的秋分昼夜长短相同,夏季的夏至是白天最长的一天,冬季的冬至是夜晚最长的一天。

季节与奥运会

奥运会每四年举行一届,是国际性的体育赛事,起源于古希腊的奥林匹亚。1896 年在希腊雅典举办了首届奥运会,1924 年在法国夏慕尼举办了首届冬季奥运会。夏季奥运会举行适合夏季气候的田径和游泳等比赛,冬季奥运会举行适合冬季气候的滑雪和滑冰等比赛。2001 年,中国申奥成功。2008年,在中国北京举办了第 29 届夏季奥林匹克运动会。

小树在四季的变化

随着季节的变化,我们周围的环境和生活也会发生变化。

试着把春、夏、秋、冬的树按季节涂上颜色吧。

春

夏

秋

冬

答案就在这里

地球呀，原来是因为你一直斜着身子绕太阳旋转，才产生了四季。

对啊，所以才会有春、夏、秋、冬。

36